黄河大系

生态卷

The
Yellow River
Series

王仁卿
郑培明 主编
王 蕙

山东科学技术出版社
·济南·

乔建业《大河依旧东流去》（局部）

图书在版编目（CIP）数据

黄河大系.生态卷 / 王仁卿，郑培明，王蕙主编. -- 济南：山东科学技术出版社，2024.3
ISBN 978-7-5723-2002-6

Ⅰ.①黄…　Ⅱ.①王…　②郑…　③王…　Ⅲ.①黄河流域－生态环境保护－研究　Ⅳ.①K292

中国国家版本馆CIP数据核字（2024）第049356号

统　　筹：赵　猛
责任编辑：陈　昕　张　琳
装帧设计：蔡立国　张　宜　庞　婕
图片来源：图虫创意

黄河大系 · 生态卷
HUANGHE DAXI · SHENGTAI JUAN
王仁卿　郑培明　王　蕙　主编

主管单位　山东出版传媒股份有限公司
出版发行　山东科学技术出版社
出 版 人　赵　猛
社　　址　济南市市中区舜耕路517号
邮　　编　250003
电　　话　总 编 室（0531）82098666
　　　　　发行中心（0531）82098067
网　　址　www.lkj.com.cn　E-mail:sdkj@sdcbcm.com
印　　装　北京雅昌艺术印刷有限公司
经　　销　新华书店

规　　格　16开（210mm×285mm）
印　　张　23
插　　页　4
字　　数　395千字
版　　次　2024年3月第1版
印　　次　2024年3月第1次
ISBN 978-7-5723-2002-6
定　　价　380.00元

《黄河大系》编纂指导委员会

《黄河大系》学术顾问委员会

总 序

“三万里河东入海，五千仞岳上摩天。”百万年如斯，奔腾不息的黄河之水滋润了中华大地，哺育了中华民族，孕育了中华文明。故《汉书》总结道：“中国川原以百数……而河为宗。”

2019年9月18日，习近平总书记在河南郑州的黄河流域生态保护和高质量发展座谈会上提出，“黄河是中华民族的母亲河”“保护黄河是事关中华民族伟大复兴的千秋大计”，要“保护传承弘扬黄河文化，让黄河成为造福人民的幸福河”。这不仅道出了黄河及黄河文化对中华民族生存发展的重大历史意义和现实意义，也表明党中央和习近平总书记对黄河及黄河文化的亲切关怀和高度重视。

水脉牵系着血脉、延续着文脉。黄河文化源远流长、一气呵成。从甘肃一带的大地湾文化，到中游的仰韶文化，再到下游的大汶口文化，黄河文化多元一体，正如波澜壮阔、绵延不绝的黄河之水，生动活泼，兼容并蓄，既丰富了黄土文明，又成就了中原文明、海岱文明，成为中华文明的主要表征和重要载体。从青海源头，到黄土高原，再到中原大地、华北平原，黄河文化跳跃跌宕，穿越时空，向光而生，气势如虹，“忽如一夜春风来，千树万树梨花开”，绽放出笃厚神圣、繁荣璀璨的文明之花。汉风唐韵，丝路华章，中华文明从这里出发，走向四面八方。

黄河文化催生的思想观念、道德情操、审美品格和科学智慧，蕴含着中华民族深沉的行为准则，对中国传统社会的政治范式、经济格局、文化理念、科技思维等方面有着深远影响。在不同族群和文化交流的灿烂星河中，黄河文化形成生生不息、开放包容的特质，反映在不同时期的典籍史料、艺术作品以及科技成果中，无不以物质形式或精神形式展现出来，并深深影响着人们的社会生活和精神建构。

黄河文化的形成、发展、传承，在不同流域、不同时代、不同族群形成了鲜明的特色，又反映了中华民族千百年来顺应自然、认识自然、改造自然、保护自然的共性过程和结晶，成为中华文明的组成部分和现代中华生态文明的源泉。

正因为黄河的赐予，我们才拥有了世世代代赖以生存的物质宝藏和精神家园；正因为黄河千回百转、勇往直前，我们的文化基因中才有了更加坚忍的品格、更加超凡的智慧、更加鲜明的特性；也正因为文化基因的坚忍、超凡、鲜明，中华民族才形成了熠熠生辉、博大精深的中华文明。

“黄河落天走东海，万里写入胸怀间。”党的十八大以来，习近平总书记立足“两个大局”，就文化建设提出了一系列新思想新观点新论断，形成了习近平文化思想。习近平总书记强调：“中国文化源远流长，中华文明博大精深。只有全面深入了解中华文明的历史，才能更有效地推动中华优秀传统文化创造性转化、创新性发展，更有力地推进中国特色社会主义文化建设，建设中华民族现代文明。”

习近平总书记考察调研足迹遍及黄河上中下游九省（区），他将保护黄河作为事关中华民族伟大复兴的千秋大计，亲自擘画、亲自部署、亲自推动黄河流域生态保护和高质量发展，发出了为黄河永远造福中华民族而不懈奋斗的号召。沿黄河九省（区）牢记习近平总书记嘱托，全面加强生态保护治理，着力促进全流域高质量发展，大力保护传承弘扬黄河文化，努力“让黄河成为造福人民的幸福河”。习近平总书记在黄河流域生态保护和高质量发展座谈会上明确指出：“黄河文化是中华文明的重要组成部分，是中华民族的根和魂。”在总书记心中，黄河早已同中华民族的苦难辉煌融合在了一起，锻炼出中华儿女的韧性、力量和精神，也为中华民族赓续发展注入不竭动力。

2022年10月28日，习近平总书记考察安阳殷墟遗址，遍览青铜器、玉器、甲骨文等出土文物，细察车马坑展厅商代畜力车实物标本和道路遗迹……总书记感慨道：“我们的文化自信就是从真正能证明我们的久远历史中来……”

为深入研究阐释习近平文化思想的科学内涵，推进中华优秀传统文化“两创”工作，以黄钟大吕式作品书写新时代黄河精神，助力黄河文化保护传承弘扬，铸牢中华民族的根和魂，增强文化自信自立自强，建设中华民族现代文明，为中华民族伟大复兴提供强大精神动力，用黄河故事讲好中国故事，传播好中国声音，以高质量出版工程服务读者，奉献社会，山东省策划推出《黄河大系》，在中华文化保护传承弘扬的重要承载区建设方面走在前面并提供山东样板素材，同时，力争以黄河文明为抓手和突破口，在建设中华民族现代文明方面做一些探索。

《黄河大系》从沿黄河九省（区）所共有的文化特色着手，既有对黄河历史、文化、艺术的梳理，也有对民艺民俗及水利、生态等的呈现，既回望传统，又观照当下，多角度、广层次、图文并茂地展现黄河文化的内涵和魅力。

《黄河大系》包括《图录卷》《文物卷》《古城卷》《诗词卷》《书法卷》《绘画卷》《戏曲卷》《民乐卷》《民艺卷》《民俗卷》《水利卷》《生态卷》共十二卷，每卷或为一册，或分为两册、三册不等，整体规模为二十册，三百六十余万字，四千三百余幅图。这十二卷图书内容相辅相成，生动全面地展示出黄河作为中华文明摇篮的丰富多彩、万千气象。这十二卷图书内容不仅关注人类文明的既有辉煌，而且着眼人类文明新形态的创造：从《文物卷》探寻中华文明的源头；从《古城卷》《民乐卷》《民艺卷》探索人类文明成果的创造性转化和创新性发展，为文明的演进生发提供启迪；诗词、书法、绘画这些黄河文明固有的艺术成果形式，也终将如黄河之水内化为中华文明生生不息的天然动力，为推进人类文明新形态建设提供智慧源泉；《水利卷》和《生态卷》则重在探索共生文明，助力生态文明和人类命运共同体的构建……

“周虽旧邦，其命维新”。和合共生，自强不息。黄河，从中华民族厚重深远的精神河床流淌而来，正向着中华民族伟大复兴的波澜壮阔奔腾而去！

“江河之所以能冲开绝壁夺隘而出，是因其积聚了千里奔涌、万壑归流的洪荒伟力……现在，中国人民和中华民族在历史进程中积累的强大能量已经充分爆发出来了，为实现中华民族伟大复兴提供了势不可挡的磅礴力量。”

《黄河大系》的编纂出版是一项基础工程，是一个继往开来、努力探索的过程。我们将以出版《黄河大系》为契机，深入贯彻落实习近平文化思想，落实好习近平总书记在黄河流域生态保护和高质量发展座谈会上的重要讲话精神，立足黄河文明的深厚资源，发扬中华文明的自信自觉优势，为黄河流域生态保护和高质量发展蓄势赋能，为实现中华民族伟大复兴作出贡献。

序

黄河，从青藏高原发源，奔流而下，穿过黄土高原，流经华北平原，东入浩瀚黄渤海，呈“几”字形流经青海、四川、甘肃、宁夏、内蒙古、山西、陕西、河南、山东九省（区），蜿蜒5464千米，是我国第二长河，流域面积约79.5万平方千米。黄河哺育了千千万万的华夏儿女，滋养了辉煌灿烂的中华文明，是名副其实的中华民族母亲河。

2019年9月18日，习近平总书记在黄河流域生态保护和高质量发展座谈会上提出，“保护黄河是事关中华民族伟大复兴和永续发展的千秋大计”，这也道出了黄河对中华民族生存发展的重大历史和现实意义。习近平总书记强调，黄河流域生态保护和高质量发展是重大国家战略，要共同抓好大保护，协同推进大治理，着力加强生态保护治理、保障黄河长治久安、促进全流域高质量发展、改善人民群众生活、保护传承弘扬黄河文化，让黄河成为造福人民的幸福河。

从生态保护意义讲，黄河流域在国家生态大格局中具有举足轻重和不可替代的战略地位，是我国重要的生态安全屏障。黄河流域的生态特征有以下几点：①生态类型多样，生物多样性丰富；②地貌类型复杂；③生态功能重要；④水系复杂，水少沙多；⑤生态环境持续向好。

但是，黄河流域的生态问题依旧非常突出和严重。黄河一直“体弱多病”，生态本底差，水资源十分短缺，水土流失严重，资源环境承载能力弱。因此，黄河流域的高质量发展首先要重视和关注黄河流域的生态保护，要解决黄河面临的水资源短缺、生态脆弱、水土流失、洪涝灾害和环境污染等突出生态问题。保护好黄河流域的生态，不仅是高质量发展的基本要求和远大目标，更是总书记关注的首要大事。

本卷侧重于黄河流域生态，兼顾高质量发展。以习近平总书记“生态保护”和“绿色发展”理念为指导，以《黄河流域生态保护和高质量发展规划纲要》确定的黄河流域上中下游生态保护任务为依据，围绕生态特征、生态保护、生态修复、水资源节约和合理利用、乡村振兴、绿色发展、高质量发展与生态保护协调等重点任务展开叙述。

本卷共五章。第一章为生态保护和高质量发展概况，着重描述黄河流域的生态特征、生态问题、生物多样性保护、自然保护地体系建设、高质量发展简况等内容。第二章为水资源节约和科学合理利用，叙述黄河流域水资源、水环境、水生态的特点和现状，以及水资源集约高效利用、重大水生态工程和节水用水案例等内容。第三章为生态宜居和美丽乡村建设，介绍生态农业、滩区人民搬迁、美丽乡村建设等内容。第四章介绍产业转型与绿色发展，包括产业结构现状、产业转型升级、上中下游绿色发展案例等内容。第五章介绍生态保护和高质量发展的协同保护相关内容，包括生态保护措施与建议、生态廊道建设、生态产品价值实现等。

本卷以文字为主，配以黄河流域上中下游独具特色的生态景观图，兼顾图表，素材基于长期的研究数据和相关的参考文献。除了主要内容叙述，每章还加有典型案例介绍，以方便阅读和参考。

本卷内容由王仁卿、郑培明统一策划和组织编写。第一章由郑培明、张煜涵主笔，第二章由王蕙、王宁主笔，第三章由王仁卿、孙淑霞主笔，第四章由郑培明、刘潇主笔，第五章由王蕙、张琨主笔。全书由王仁卿和郑培明统稿修改。

本卷得到山东大学生命科学学院、山东大学黄河国家战略研究院、山东青岛森林生态系统国家定位观测研究站、山东省植被生态示范工程技术研究中心、青岛市森林和湿地生态研究重点实验室（筹）的支持和资助。

由于调查范围、时间及资料不足等，加之编者水平所限，书中难免存在疏漏和谬误之处，敬请广大读者批评指正。

《黄河大系·生态卷》编纂委员会

2024年1月

目　录

第一章

黄河流域生态保护和高质量发展概况

《黄河流域生态保护和高质量发展规划纲要》（以下简称《纲要》）确定，构建黄河流域生态保护『一带五区多点』空间布局。『一带』，是指以黄河干流和主要河湖为骨架，连通青藏高原、黄土高原、北方防沙带和黄河口海岸带的沿黄河生态带；『五区』，是指以三江源、秦岭、祁连山、六盘山、若尔盖等重点生态功能区为主的水源涵养区，以内蒙古高原南缘、宁夏中部等为主的荒漠化防治区，以青海东部、陇中陇东、陕北、晋西北、宁夏南部黄土高原为主的水土保持区，以渭河、汾河、涑水河、乌梁素海为主的重点河湖水污染防治区，以黄河三角洲湿地为主的河口生态保护区；『多点』，是指藏羚羊、雪豹、野牦牛、土著鱼类、鸟类等重要野生动物栖息地和珍稀植物分布区。

黄河流域生态环境概况

黄河流域具有生态类型多样、生物多样性丰富、地貌类型复杂、生态功能重要等明显生态特征，同时也存在生态环境脆弱、水资源短缺、水少沙多、水土流失严重、洪涝频发、环境污染依然严重等突出生态问题，这些都关乎国家生态安全和民生、社会的稳定与发展。

一、黄河流域生态类型概况

黄河流域横跨青藏高原、内蒙古高原、黄土高原和华北平原四个地貌单元、三大地形阶梯，地势起伏大，地貌、土壤和生态系统类型丰富多样；跨越温带、暖温带和干旱、半干旱、半湿润等多个气候带，气候复杂多样。由于黄河流域大部分地区位于干旱、半干旱地区，水资源十分贫乏，而水沙关系不协调和水污染又加剧了流域水资源的短缺，故制约了流域生态系统的平衡。流域分布有世界上面积最大的黄土分布区——黄土高原，水土流失和植被破坏严重，生态环境脆弱。受制于流域气候、水资源条件，加之流域频繁的人为干扰活动，生态系统较脆弱，对水土资源开发活动响应强烈。

受海拔、气温、日照、季风等影响，黄河流域具有丰富的生境类型，形成了各具特色的植被、生态系统和景观。例如兰州以西地区以高寒草甸、灌丛和高寒草原为主，仅在湟水谷地分布有温带草原；兰州至鄂尔多斯草原、库布齐沙漠等内蒙古高原部分，植被以草原类型为主，间杂部分灌木；黄河

黄河源头水系

流域的西部和西北部，气候干燥，降雨稀少，以荒漠植被为主，分布有腾格里沙漠、毛乌素沙漠等沙漠。

黄河出内蒙古高原后，流入黄土高原，森林和中生灌丛的发育十分微弱，植被分布极为稀疏，且受人类长时间开发活动影响，原始植被已破坏殆尽。流域南部的秦岭、东部的支脉伏牛山及太行山脉西麓、吕梁山和中条山，山势高峻，植被垂直分异规律明显，分布有针叶林、落叶阔叶林、灌丛、草甸等植被。

黄河下游林带属暖温带落叶阔叶林带，流域范围内受人类活动影响，多为人工栽培植被，即人工林、经济林、水浇农田和旱作农田，下游大堤内侧滩地主要被利用为旱作农田。黄河三角洲内无地带性森林植被类型，植被的分布受水分、土壤含盐量、潜水位与矿化度、地貌类型以及人类活动的影响，木本植物很少，以草甸景观为主，植物区系的特点是植被类型少、结构简单、组成单一。在天然植被中，以滨海盐生植被为主，其次为沼生和水生植被。灌木植物柽柳分布范围较广，阔叶林仅在部分地区分布有旱柳林等。

根据地貌的不同，黄河流域主要包含十类典型生态类型区，包括上游河源生态区、高原

河谷生态区、河套平原生态区、鄂尔多斯高原生态区等四类；中游黄土高原生态区、汾渭平原生态区、山地生态区等三类；下游冲积平原生态区、鲁中丘陵生态区、河口三角洲生态区等三类。

习近平总书记指出，黄河生态系统是一个有机整体，要充分考虑上中下游的差异。上游要以三江源、祁连山、甘南黄河上游水源涵养区等为重点，推进实施一批重大生态保护修复和建设工程，提升水源涵养能力。中游要突出抓好水土保持和污染治理。下游的黄河三角洲是我国暖温带最完整的湿地生态系统，要做好保护工作，促进河流生态系统健康，提高生物多样性。

依据《黄河问》《黄河年鉴》《黄河流域防洪规划》，将黄河河道分为上、中、下游。其中，上游是指河源至内蒙古自治区托克托县河口镇，河道长3471.6千米，流域面积42.8万平方千米，占全流域面积的53.8%；中游是指内蒙古自治区托克托县河口镇至河南省荥阳市桃花峪，河道长1206.4千米，流域面积34.4万平方千米，占全流域面积的43.3%；下游是指河南省荥阳市桃花峪至山东省东营市黄河入海口，河道长785.6千米，流域面积2.3万平方千米，仅占全流域面积的2.9%。

黄河上游

黄河青海段

大美黄河入海口

（一）黄河上游地区

上游地区是黄河的水源地，生态类型多样，生物多样性丰富，水源涵养生态功能重要。保护好上游的生态系统，提升水源涵养能力，确保黄河水源和水生态安全，是《纲要》为上游地区确定的重任和目标。

黄河上游分为黄河源区和其他区域。

黄河源区具有海拔高、气温低、较干燥等高原大陆性气候特点，社会经济活动相对较弱。青藏高原孕育了独特的生物区系和植被类型，分布、栖息着许多青藏高原特有种，生物种类相对较为丰富，除湟水谷地分布着温带草原外，绝大部分地区为高寒草甸、灌丛和高寒草原。该区湿地资源丰富，是许多珍稀、特有水禽以及土著鱼类——高原冷水鱼的重要栖息地。该区具有重要的涵养水源功能，地表水径流量占黄河地表水径流总量的38.4%。受地形地貌、气候等因素影响，黄河源区生态环境具有脆弱性、敏感性、典型性等基本特点。

其他区域包括河套平原区和鄂尔多斯高原区等。河套平原区降水量少，干燥度和蒸发量大，植被类型以荒漠草原、盐生草甸草原和农田植被为主，是我国重要的农业生产基地，人类活动频繁。鄂尔多斯高原区气候干旱，属风沙地貌，植被覆盖度较低，处于干旱半干旱向湿润、戈壁沙漠向黄土、草原化荒漠向草原的过渡区，是各种景观类型的交错集中地。区内物种繁多，且多为单种科和寡种属，生物多样性保护极为重要。鄂尔多斯高原盐碱湖泊、湿地众多，生境特殊。由于鄂尔多斯高原人类活动频繁，高原植被破坏现象较严重。

黄河上游地区包含四类典型生态类型区。

1. 河源生态区

河源生态区位于海拔3000米以上的青藏高原地区；气候类型为高原半干旱气候或大陆性高原气候，蒸发量为850毫米；土壤类型为高山草原土、高山草甸土；植被类型为高寒草原、草甸；环境特征为地势高，气候寒冷干燥，降雨偏少，日照时数长，生长季节短，人类活动少；生态特征以高寒草原植被为主，生物量较大，生境特殊，形成了独特的生物区系，栖息着许多青藏高原特有种，湿地资源丰富，具有重要的生态意义。受低温影响，该地区生态环境脆弱。

阿万仓湿地

2. 高原河谷生态区

高原河谷生态区位于海拔3300～4500米的青藏高原地区；气候类型为高原半干旱气候或大陆性高原气候，蒸发量为850毫米；土壤类型为灰钙土、栗钙土、高山草甸土、亚高山草甸土；植被类型为高寒草甸、草原、阔叶林；环境特征为气候寒冷干燥、山势陡峭、河道狭窄、人类活动少；生态特征以高寒沼泽化草甸和草本沼泽为主，植被覆盖度高，生境特殊，形成了独特的生物区系，栖息着许多青藏高原特有种，湿地资源丰富，具有重要的生态意义，生态环境脆弱。

3. 河套平原生态区

河套平原生态区位于海拔900～1200米的鄂尔多斯高原地区；气候类型为大陆性干旱半干旱气候，蒸发量为1400～1800毫米；土壤类型为灰钙土、灌淤土、风沙土、棕钙土、盐土；植被类型为荒漠草原、盐生草甸草原、灌丛以及人工植被；环境特征为干燥度和蒸发量大、降水量少、河道宽广，人类活动干扰严重；生态特征为重要的灌溉农业区，农业生态系统特征明显，植被类型丰富，以半干旱草原、干旱荒漠草原、农田植被为主。

4. 鄂尔多斯高原生态区

鄂尔多斯高原生态区位于海拔1300～1500米的鄂尔多斯高原地区；气候类型为温带季风气候，蒸发量为1400～1800毫米；土壤类型为栗钙土、灰钙土、风沙土、棕钙土、黄绵土；植被类型为典型草原、荒漠草原、灌丛；环境特征为气候干旱，风沙地貌，风蚀严重，高原内盐碱湖泊众多；生态特征为位于生态地理过渡带，具有复杂多样的环境条件和生态特点，生境独特，内陆盐沼湿地资源丰富，西鄂尔多斯的部分植物种类为地中海孑遗物种，生态环境脆弱。

准格尔黄河大峡谷

黄土高原上千沟万壑的地貌和蜿蜒的黄河

（二）黄河中游地区

黄河中游地区横跨黄土高原、汾渭盆地、崤山、熊耳山、太行山等。黄土高原土质疏松，坡陡沟深，植被稀疏，暴雨集中，水土流失严重，生态环境脆弱；汾渭盆地气候适宜，土质肥沃，物产丰富，人类活动频繁，植被以农田植被为主，是重要的农业产区；崤山、熊耳山、太行山海拔高，是重要的自然地理分界线，生境和地形复杂，生物多样性较高。由于泥沙含量大，黄河中游地区水系鱼类组成简单。平原河段河道宽浅，摆动频繁，形成大面积的河漫滩湿地。抓好水土保持和环境污染治理，是《纲要》对中游地区确定的艰巨任务。

黄河中游地区包含三类典型生态类型区。

1. 黄土高原生态区

黄土高原生态区位于海拔1000～1200米的黄土高原地区；气候类型为暖温带半干旱气候，蒸发量为900～1400毫米；土壤类型为黄绵土、潮土；植被类型以落叶阔叶灌丛和草丛为主，灌丛植被类型包括沙棘灌丛、虎榛子灌丛、黄刺玫灌丛、白刺花灌丛、荆条灌丛、酸

枣灌丛、三裂绣线菊灌丛、胡枝子灌丛等，草丛包括旱熟禾草丛、赖草草丛、白羊草草丛、白茅草丛等；环境特征为气候干旱，蒸发量大，土质疏松；生态特征为植被覆盖度较低，生产力不高，生物多样性较低，生态环境脆弱，水土流失严重。

2.汾渭平原生态区

汾渭平原生态区位于海拔325～800米的汾渭盆地地区；气候类型为半湿润半干旱气候，蒸发量为900～1200毫米；土壤类型为黄垆土、潮土、褐土；植被类型为落叶阔叶林；环境特征为水资源丰富，气候适宜，土质肥沃，人类活动干扰严重；生态特征为重要的农业区，农田生态系统特征明显，农业生产对流域水资源耗用量较大。

3.山地生态区

山地生态区位于海拔1000米以上的太行山、吕梁山、中条山、秦岭余脉地区；气候类型为暖温带季风气候，蒸发量为700毫米；土壤类型以棕壤、褐土为主；地带性植被类型为暖温带阔叶林，主要植被类型包括华北落叶松林、太白红杉林、油松林、白皮松林、华山松林、侧柏林、栓皮栎林、辽东栎林、橿子栎林等；环境特征为海拔高，地形复杂，是重要的自然地理分界线；生态位置重要，生境类型复杂，植被类型多样，生物多样性较高。

东营黄河口湿地

（三）黄河下游地区

在黄河下游地区，黄河流经黄淮海平原、鲁中丘陵、黄河三角洲。黄淮海平原气候温和、地势平坦，是黄河流域重要的农业基地，受人类活动影响，农田生态系统、人工生态系统特征明显。黄河下游主河道淤积严重，旱涝灾害严重，防洪形势严峻。黄河两岸大堤内外侧形成大面积的滩地、背河洼地（沼泽湿地），呈带状分布。湿地物种资源丰富，鲁中丘陵生境复杂，植被覆盖度较高，生物多样性较高。黄河三角洲地域广阔，处于海陆生态交错区，生物多样性较高，湿地资源丰富。搞好生态修复，提高生物多样性，建设好下游生态廊道，确保河流健康和黄河三角洲与河口生态系统多样性、稳定性和可持续性，是《纲要》为

下游地区确定的重点任务。

黄河下游地区包含三类典型生态类型区。

1. 冲积平原生态区

冲积平原生态区位于海拔100米以下的黄淮海平原地区；气候类型为暖温带大陆性季风气候，蒸发量为1000～1200毫米；土壤类型为潮土；植被类型为落叶阔叶林；环境特征为气候温和，水资源紧缺，地势平坦，河道宽阔，泥沙淤积严重，人为干扰严重；生态特征为重要的农业区，农田生态系统、人工生态系统特征明显，旱涝灾害严重，湿地呈带状分布，物种丰富。

2. 鲁中丘陵生态区

鲁中丘陵生态区位于海拔400～1000米的鲁中山地地区；气候类型为暖温带大陆性季风气候，蒸发量为1000～1200毫米；土壤类型为黄垆土、褐土；植被类型为落叶阔叶林；环境特征为气候温和、湿润，人类活动频繁；生态特征为生境复杂，植被覆盖度较高，生物多样性较高。

3. 河口三角洲生态区

河口三角洲生态区位于海拔15米以下的黄河入海口地区；气候类型为暖温带半湿润大陆性季风气候，蒸发量为1000～1200毫米；土壤类型为滨海盐土、潮土；植被类型为盐生草甸和草本沼泽；环境特征为地势平坦，气候温和，淡水资源贫乏，成陆时间短；咸淡水生境交替，为典型的生态交错区，生物多样性较高，湿地自然资源丰富，生态环境脆弱。

二、黄河流域资源概况

黄河流域受母亲河的滋养，且横跨我国东西两区，资源丰富，生态系统丰富多样，为流域的发展奠定了良好的基础。

（一）水资源

1. 水系与湖泊资源

黄河是我国第二大河，以降水补给型为主，兼有少量的冰川融水补给、季节融雪补给、地下水补给，属于太平洋水系。黄河水系的特点是河床纵比降较大；干流弯曲多变，素有“九曲黄河”之称，河道实际流程为河源至河口直线距离的2.64倍；支流水系众多且分布不均（唐家凯，2021）。据统计，流域内约有220条流域面积大于100平方千米的支流，76条流域面积大于1000平方千米的支流，占全流域控制面积的77%，其中控制面积超过10 000平方千米的共有11条，总集水面积约37万平方千米，占全流域控制面积的46.5%。

黄河流域较大的支流主要有13条：白河与黑河，位于四川省境内，河水较清，其中白河河长270千米，黑河河长456千米；洮河，流经青海省和甘肃省，河长673千米；湟水，流经青海省西宁市和甘肃省永靖县，河长374千米；大黑河，主要位于内蒙古自治区河套地区东北部，河长236千米；窟野河，发源于内蒙古自治区鄂尔多斯市东胜区，于陕西省神木市注入黄河，河长242千米；无定河，发源于陕西省北部，流经内蒙古自治区，在陕西省清涧县注入黄河，河长491千米；渭河，位于黄河腹地的大“几”字形底部，西起乌鼠山，东至潼关，河长818千米，是黄河最大支流；汾河，发源于山西省宁武县管涔山，纵贯山西省中部，流经太原和临汾两个盆地，于万荣县注入黄河，河长710千米，是黄河的第二大支流；洛河，发源于陕西省蓝田县，至河南省巩义市汇入黄河，河长447千米，是黄河水量最多的支流；沁河，发源于山西省平遥县，穿过太行山峡谷，至河南省武陟县汇入黄河，河长485千米；金堤河，发源于河南省新乡市，由东北部至台前县汇入黄河，河长158.6千米；大汶河，发源于山东省沂源县，经东平湖陈山口汇入黄河，河长239千米；天然文岩渠，河南省新乡市原阳、延津、封丘、长垣4个县市的防洪排涝河道，位于黄河以北、太行山以南，全长160千米，也属于黄河一级支流（谢京凯，2020）。

三江源国家公园黄河湿地

穿行在秦岭大山里的渭河

鄂陵湖

黄河流域的湖泊主要有3个：一是鄂陵湖，二是扎陵湖，三是东平湖。鄂陵湖与扎陵湖是中间有15千米河道相连的姊妹湖，位于青海省玛多县境内，海拔4300米以上，面积和水量远小于青海湖，但比青海湖的海拔高1000米，是黄河的源头水域之一，也是松赞干布迎娶文成公主的地方。东平湖是黄河下游唯一的湖泊，位于山东省境内，古称巨野泽、梁山泊，是《水浒传》所述八百里水泊的遗存水域。

扎陵湖

东平湖

2. 水资源总量与供给

黄河虽然是我国第二大河，但由于流域大部分位于干旱、半干旱地区，水资源十分贫乏，水沙关系不协调、水污染严重又加剧了流域水资源的短缺。2003—2019年黄河流域水资源总量明显降低，由于近几年国家对水资源保护问题逐渐重视，黄河流域的水资源总量才有所提升。从占全国比重看，2003—2017年黄河流域水资源占全国比重一直处于1.5%～3.5%之间，2016年仅占1.85%。截至2019年，黄河流域水资源总量达797.5亿立方米，占全国比重仅为2.78%，长江水资源量是黄河的12倍（图1-1）。由此可见，黄河流域水资源相当贫乏(唐家凯，2021)。

在水资源供给方面，2003—2019年黄河流域水资源供给呈现逐年上升局面，近几年变化趋势稳定，供水总量在390亿立方米上下波动。分省（区）来看，四川省的供水总量和地表水供水量最高，分别占黄河流域的63.07%和89.82%，原因在于四川省既属于黄河流域也属于长江流域，供水总量中包含长江流域供水量；青海省的供水量最低，仅占黄河流域的6.55%，虽然黄河流域的水资源基本源于青海省，但由于青海省水文地形复杂，对水资源的开采使用程度较低，供水设施不够完善，因此供水量相对较低（图1-2）。

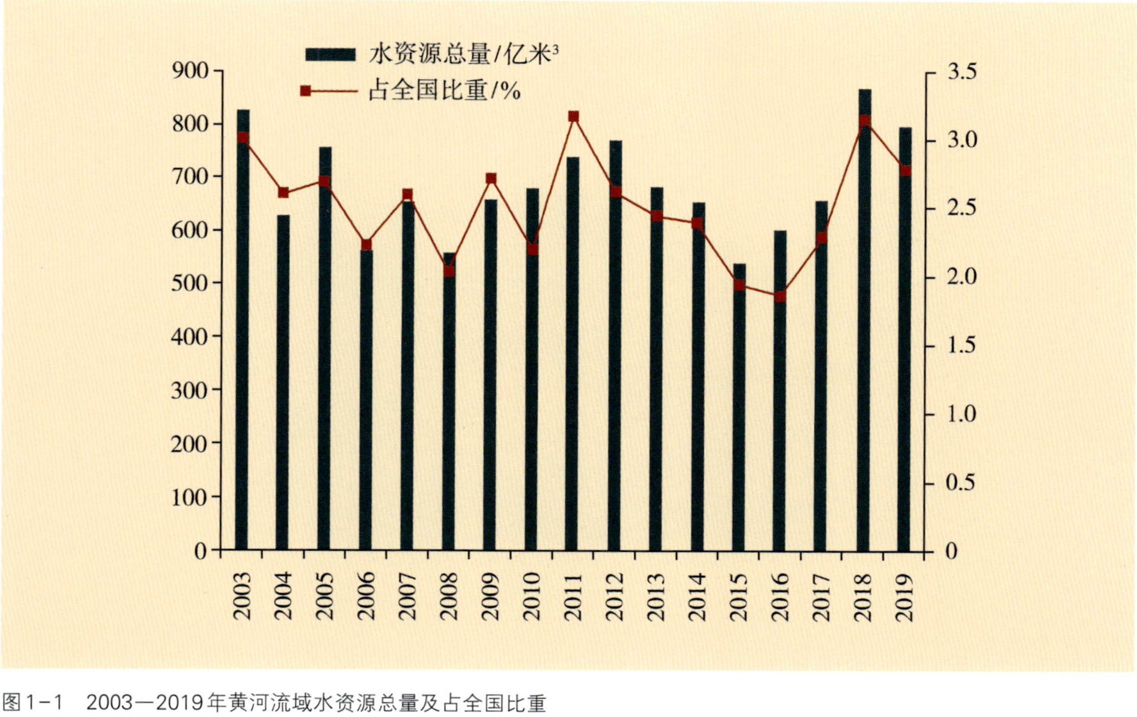

图1-1　2003—2019年黄河流域水资源总量及占全国比重

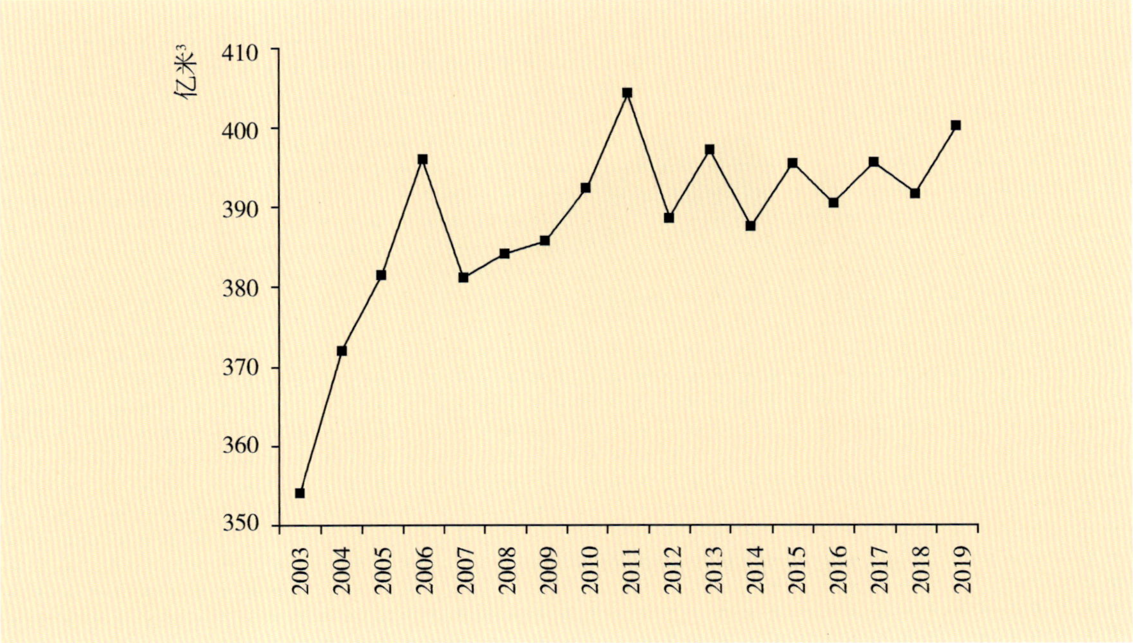

图1-2　2003—2019年黄河流域供水总量的变化趋势

3. 水资源开发与利用

在水资源开发方面，2003—2019年黄河流域水资源总开发率与地表水和地下水的开发率变动趋势大致相同，水资源开发率最高，在40%～75%之间波动；地表水开发率和地下水开发率较低，分别在30%～60%与25%～40%之间波动。2018年，联合国发布了《世界水资源开发报告》，强调合理开发利用水资源的重要性，人类必须及时应对当下水资源面临的问题和挑战，因此从2018年开始，流域水资源的开发率有明显下降趋势。

从黄河流域各省水资源开发情况发现，宁夏回族自治区的水资源开发率高达554.76%，其中地表水开发率达608.74%，原因在于宁夏回族自治区大部分处于荒漠地带，常年严重缺水，水资源拥有量难以满足居民和企业的日常用水需求，故必须依靠黄河流域其他地区水资源的供给，对水资源进行超负荷开发，供水量远远高于水资源拥有量。山东省和河南省属于我国的人口大省，对生活用水的需求较高，导致水资源开发率偏高，水资源开发率和地表水开发率均大于100%。四川省和青海省的水资源充沛，对水资源开发的需求不大，故水资源开发率偏低，均不到10%（图1-3）。

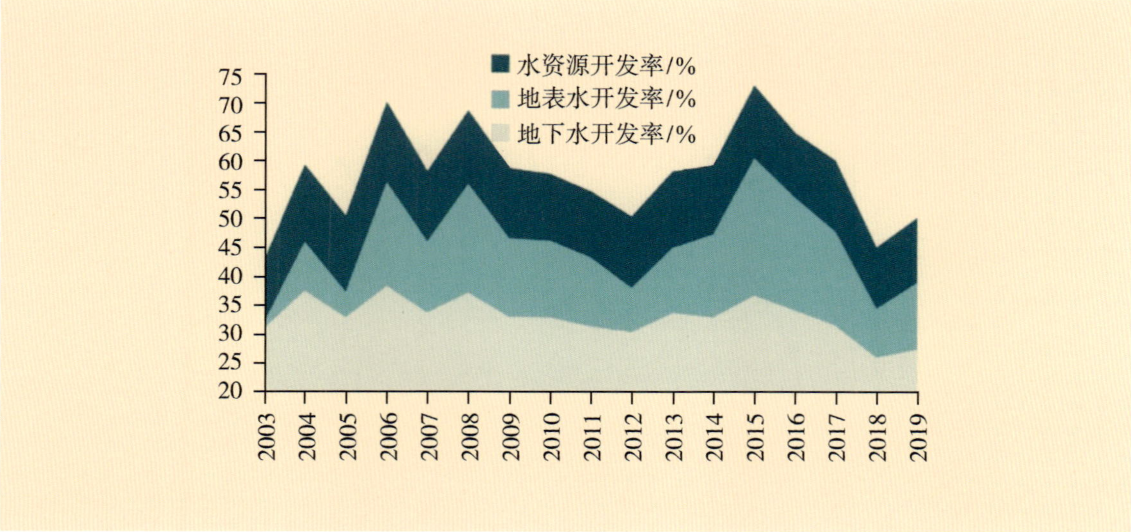

图1-3 2003—2019年黄河流域水资源、地表水及地下水开发率

在水资源利用方面，2003—2019年黄河流域用水总量占水资源总量比重在40%～75%之间波动，全国用水总量占水资源总量比重在20%上下浮动。可见，虽然黄河流域水资源仅占全国的3%左右，但用水量比重却远远高于全国水平，供水量与用水量之间总有不小的差额。这说明黄河流域水资源消耗大，重复利用率低，水资源浪费严重，对节水措施、节水技术、水资源的可持续利用等方面的需求也较为迫切。

黄河流域的用水情况主要分为农业、工业、生活和生态四个方面。自从三门峡水库作为黄河干流第一座水库建造完成以来，国家又陆续在黄河干流及其主要支流建造了诸多大型水利工程。截至2019年底，黄河流域共有219座大中型水库，其中包括龙羊峡、小浪底、三门峡、万家寨以及刘家峡等34座大型水库。此外，还有古贤水库（位于陕西省和山西省交界处）、东庄水库（位于陕西省礼泉县）等多座大型水库目前仍处于建造之中（表1-1）。这些水库不仅具有水力发电、防洪、灌溉、防凌、生态供水和调整天然水沙平衡等功能，还可以利用水库蓄水量的年际和年内调节，保证黄河流域内的工业生产用水和农业灌溉生产用水需求（Bai et al.，2019；Bi et al.，2019；Jin et al.，2019；Meng et al.，2019）。

表1-1　黄河流域主要大型水库相关信息

流域	水库名称	海拔 / 米	库容 / 亿米 ^{3}	建造年份	所在省区
上游	龙羊峡	3100	276.30	1986	青海
	李家峡	2180	16.50	1996	青海
	刘家峡	1733	57.30	1968	甘肃
	青铜峡	1152	6.20	1968	宁夏
	公伯峡	2010	6.20	2001	青海
	拉西瓦	2370	10.60	2004	青海
中游	万家寨	1050	8.90	1998	山西
	三门峡	353	46.88	1960	河南
	小浪底	277	126.50	1999	河南
	陆浑	447	13.20	1965	河南
	古贤	650	126.40	在建	陕西
	东庄	770	29.80	在建	陕西

小浪底大坝云海

龙羊峡水库大坝泄洪

2003—2019年，黄河流域的农业用水占比最高，生态用水占比最低。同时，在用水结构上也出现了变动情况。其中，农业用水及其占比在2003—2019年逐年下降，工业用水及其占比从2007年开始也出现下降趋势，生活用水和生态用水及其占比在2003—2019年均有所上升。总的来说，黄河流域的用水结构出现了轻微调整，减少了在农业和工业上的生产用水，增加了生活用水和生态用水，政府和企业开始重视水环境保护问题，逐渐调整生产用水在用水结构中的比重。

2003—2019年黄河流域及流域内各省人均用水量的变化趋势表现较为平稳，宁夏回族自治区、青海省和甘肃省的人均用水量呈轻微下降趋势，内蒙古自治区的人均用水量呈上升趋势。其中宁夏回族自治区、青海省、甘肃省和内蒙古自治区的人均用水量高于整个黄河流域的人均用水量，四川省、山东省、陕西省、山西省和河南省的人均用水量均低于黄河流域的人均用水量（图1-4）。

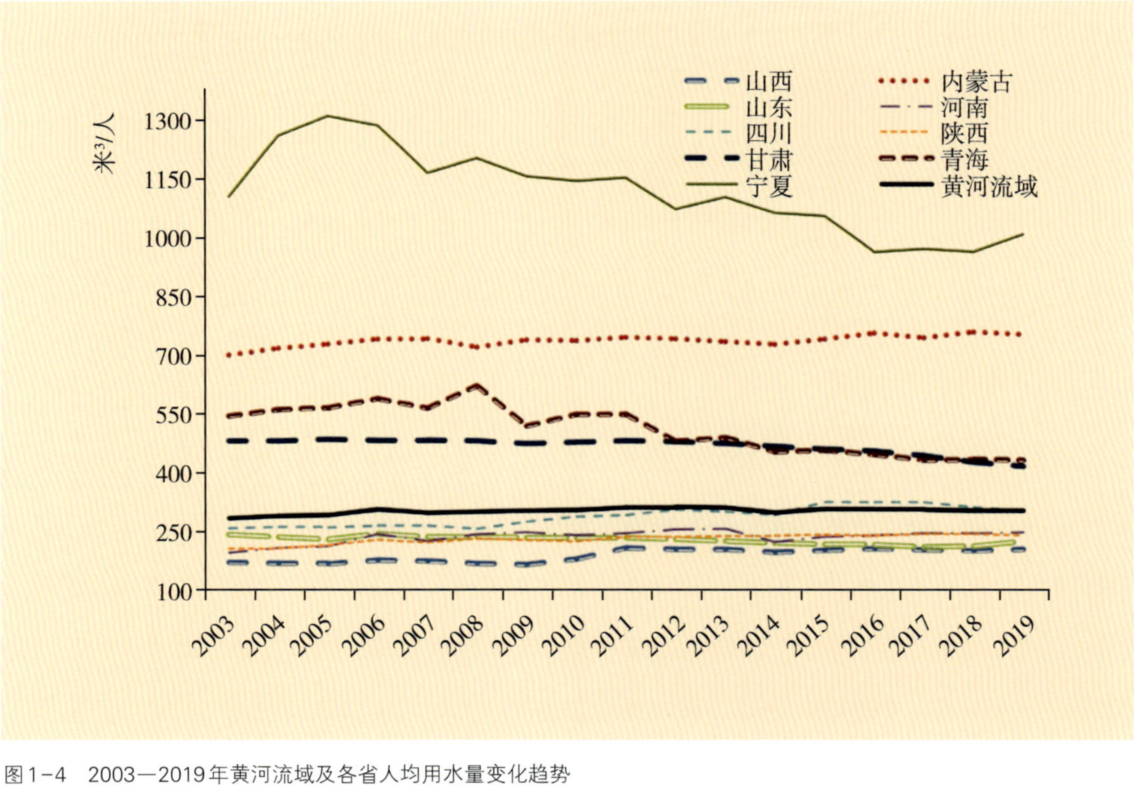

图1-4　2003—2019年黄河流域及各省人均用水量变化趋势

2003—2019年黄河流域以及流域内各个省份的万元GDP用水量均表现为下降趋势。其中宁夏回族自治区的万元GDP用水量最高，且下降幅度最为明显，甘肃省、青海省和内蒙古自治区的万元GDP用水量在2003—2009年同样存在明显的下降趋势，其余省份的万元GDP用水量偏低，下降幅度较为平稳。其中，陕西省、河南省、山西省和山东省的万元GDP用水量低于黄河流域的平均水平，说明这几个省份在水资源利用过程中产生的经济效益较高（图1-5）。

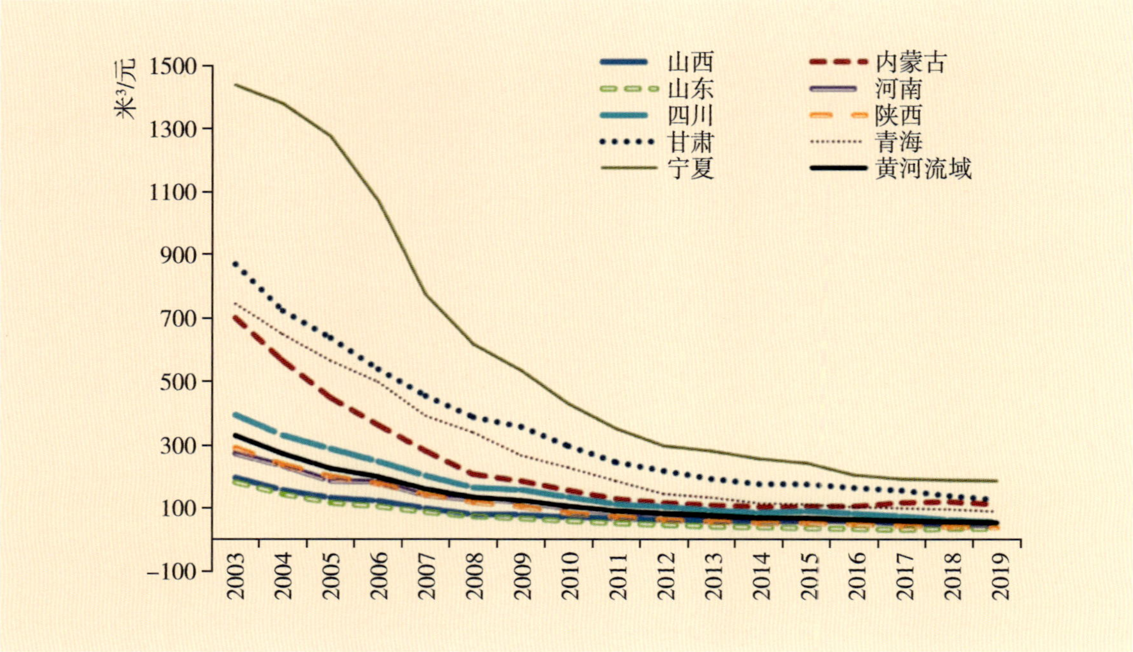

图1-5　2003—2019年黄河流域及各省万元GDP用水量变化趋势

（二）能源矿产资源

黄河流域是我国能源矿产资源富集区，煤炭、石油、天然气、有色金属和稀土等重要战略性资源丰富，是“北煤南运”的主战场，是我国重要的能源、原材料和重化工基地，也是我国航空航天军工生产和发射地。黄河流域上游地区的水能资源、中游地区的煤炭资源、下游地区的石油和天然气资源，在全国能源方面占有非常重要的战略地位，被誉为我国的“能源流域”（石碧华，2020）。另外，规划建设的山西、鄂尔多斯盆地、蒙东、西南、新疆五大国家综合能源基地有三个位于黄河流域。黄河流域中上游能源资源明显多于下游地区，是我国的煤炭产业集中区，我国50%的亿吨级大型煤炭基地、66.7%的千万千瓦级大型煤电基地均分布在内蒙古自治区、山西省等黄河流域中上游地区。其中煤炭基础储量约1881亿吨，占全国煤炭基础储量的75.47%；已探明石油、天然气基础储量分别达到12.01亿吨和3.34万亿立方米，占全国总基础储量的34.32%和61.34%。以2019年为例，黄河上游、中游、下游的石油资源占全国的比重分别为13.52%、11.00%和9.67%；天然气占全国的比重分别为21.30%、15.11%和0.75%；煤炭基础储量占全国的比重分别为43.30%、23.57%和6.47%。

矿产资源是近代工业产生以来的重要经济资源，也是黄河流域经济发展的支柱。黄河流域矿产资源丰富、分布范围广泛（表1-2），铁与铁合金金属矿产、有色金属矿产、贵金属矿产、稀土、稀有金属等重要矿产种类齐全，部分矿产储量大，在全国占有重要地位（刘志仁，2022）。在全国已探明的45种首要矿产中，黄河流域有37种。但地域分布呈现非均衡的态势，矿业集聚特征明显，主要分布在9个地区：兴海—玛沁—选部区、灵武—同心—石嘴山区、内蒙古河套区、晋陕蒙接壤区、陇东区、晋中南区、渭北区、豫西北区以及山东区。其中，青海省多种矿产资源储量在全国均占有一席之地，已发现的矿产资源多达120种，探明储量的就有110种；有色金属、黄金资源储量也较高，非金属资源已发现36种，其中5种位列全国第一。

表1-2　黄河流域九省（区）矿产资源

省区	矿产资源
山西省	煤炭、铝土矿
内蒙古自治区	煤炭、稀土、金矿
山东省	石油、铁、铝、金、钾盐、盐矿等
河南省	煤炭、钼、金、铝、银、天然碱
四川省	天然气、钛、钒
陕西省	钼、汞、锑、钛、金等有色金属、贵金属，煤
甘肃省	石油、天然气、有色金属
青海省	有色金属、非金属
宁夏回族自治区	煤炭、铝土矿

注：根据中国统计年鉴整理所得。

巴彦淖尔市乌梁素海

三、黄河流域生物多样性概况

（一）生物多样性地位

黄河流域在我国国土生态安全格局中具有重要地位，特别是在生物多样性保护和生态功能维持方面，流域中的多个地区具有国家战略意义。

（1）《中国生物多样性保护优先区域范围》（2015年）划定的35个生物多样性保护优先区域中，涉及黄河流域的有6处，包括羌塘—三江源、祁连山、西鄂尔多斯—贺兰山—阴山、六盘山—子午岭、秦岭以及太行山生物多样性保护优先区域。

（2）《全国生态功能区划（修编版）》（2015年）在全国划定了63个重要生态功能区，其中涉及黄河流域的有10处，包括三江源水源涵养与生物多样性保护重要区、甘南山地水源涵养重要区、川西北水源涵养与生物多样性保护重要区、祁连山水源涵养重要区、西鄂尔多斯—贺兰山—阴山生物多样性保护与防风固沙重要区、鄂尔多斯高原防风固沙重要区、黄土高原土壤保持重要区、秦岭—大巴山生物多样性保护与水源涵养重要区、太行山区水源涵养与土壤保持重要区以及鲁中山区土壤保持重要区。

（3）在25个山水林田湖草生态保护修复工程试点中，涉及黄河流域的有7处，包括甘肃祁连山、青海祁连山、宁夏石嘴山、内蒙古乌梁素海、陕西黄土高原、河南太行山以及山东泰山。

就黄河不同流域而言，青海省是源头区和干流区，四川省是重要湿地生态功能区；陕西省位于黄河流域中游，地理位置重要、生态功能突出，在促进黄河流域生态保护和高质量发展方面具有义不容辞的责任和使命；黄河流域河南段河道形态复杂，在黄河下游治理中河南省是重中之重；河口三角洲是生物多样性的基因库，山东省在促进黄河流域生态健康方面具有特殊意义。

陕西红碱淖

藏野驴

（二）流域典型生物多样性

1. 生态系统多样性

黄河流域生态系统类型以草地生态系统、农田生态系统、森林生态系统、湿地生态系统、荒漠生态系统等为主，2018年前三者面积占全流域面积的比例分别为48.35%、25.08%和13.46%。其中，草地在中上游地区广泛分布；农田主要分布在上游的河套平原、中游的汾渭平原和下游的黄淮海平原；森林主要分布在中上游的山区。2000—2018年，流域内农田生态系统面积占比持续下降，森林、水域面积占比略有增加，草地面积占比先降后升；黄河流域上游地区以草地生态系统为主，面积占比约为60%；中游地区以农田、草地和森林生态系统为主；下游地区以农田生态系统为主的面积占比超过65%。2000—2018年，上游地区农田、荒漠生态系统面积略有下降，森林、草地、水域面积增加；中游地区农田面积下降明显，其他类型面积较为稳定；下游地区农田、草地面积持续下降，水域面积稳定增加。

2. 流域物种多样性

黄河流域景观类型多样，生物资源丰富，已有的生物多样性研究以典型地区的生境变化

和物种多样性调查为主。黄河流域拥有多样的动植物资源、真菌资源等，上中下游地区生物多样性差异较大，上游地区以三江源区域为典型，中游地区湿地生物多样性较为丰富，下游则是以黄河三角洲为主的生物多样性区域。

（1）黄河上游地区——三江源区域：三江源地区有多种多样的植物和真菌资源，其中，野生维管束植物约2238种，加上栽培植物共约2308种，分属87科474属，占全国植物总数的8%，其中种子植物占全国种子植物总数的8.5%；乔木植物有11属，占总属数的2.3%；灌木植物41属，占8.7%；草本植物422属，占89%。属于国家保护的有麦吊云杉（*Picea brachytyla*）、红花绿绒蒿（*Meconopsis punicea*）、冬虫夏草（*Ophiocordyceps sinensis*）等三种。

三江源地区的动物种类主要由适应高原的特殊北方种类组成，其中，哺乳类约85种，隶属8目20科，包括藏羚（*Pantholops hodgsonii*）、鼠兔（*Ochotona thibetana*）等；鸟类约237种，隶属16目41科，包括黑颈鹤（*Grus nigricollis*）、暗腹雪鸡（*Tetraogallus himalayensis*）等；爬行类和两栖类种类贫乏，约15种，隶属7目13科，包括西藏沙蜥（*Phrynocephalus theobaldi*）、西藏蟾蜍（*Bufo tibetanus*）等；鱼类约44种，隶属3目5科17属。其中，国家一级保护动物有藏羚、野牦牛（*Bos mutus*）、藏野驴（*Equus kiang*）、雪豹（*Panthera uncia*）、金钱豹（*Panthera pardus*）、白唇鹿（*Przewalskium albirostris*）、黑颈鹤、金雕（*Aquila chrysaetos*）、玉带海雕（*Haliaeetus leucoryphus*）、胡兀鹫（*Gypaetus barbatus*）等16种。

贺兰山岩羊

鼠兔

（2）黄河中游——湿地区域：黄河中游湿地有植物110科405属，约936种，其中苔藓植物有13科17属，约27种；蕨类植物有11科12属，约20种；种子植物有85科376属，约889种，在种子植物中有裸子植物2科2属，约2种，被子植物83科374属，约887种。此外，已查明的藻类植物有26科54属，160多种。

黄河中游湿地有鸟类17目44科，约239种，是华北、西北地区鸟类最为丰富的区域之一。在鸟类中有古北界种类157种，东洋界种类39种，广布种类44种，分别占该地区鸟类总数的65.3%、16.3%和18.4%，区系明显表现出该地区从古北界向东洋界过渡的特征。本区域的湿地鸟类有9目19科，约111种，仅湿地鸟类中就有属于国家I级重点保护的玉带海雕、白尾海雕（*Haliaeetus albicilla*）、东方白鹳（*Ciconia boyciana*）、黑鹳（*Ciconia nigra*）、丹顶鹤（*Grus japonensis*）、白头鹤（*Grus monacha*）、白鹳（*Ciconia ciconia*）、大鸨（*Otis tarda*）、遗鸥（*Larus relictus*）等9种；国家二级重点保护种类有13种，包括角䴙䴘（*Podicep auritus*）、斑嘴鹈鹕（*Pelecanus philippensis*）、黄嘴白鹭（*Egretta eulophotes*）、白琵鹭（*Platalea leucorodia*）、白额雁（*Anser albifrons*）、大天鹅（*Cygnus cygnus*）、小天鹅（*Cygnus columbianus*）、鸳鸯（*Aix galericulata*）、灰鹤（*Grus grus*）、白枕鹤（*Grus vipio*）、蓑羽鹤（*Anthropoides virgo*）等。

红碱淖繁殖与哺育期的遗鸥幼鸟

运城垣曲黄河的鸟类

黄河中游湿地哺乳动物仅有2目2科，约3种，分别是灰腹水鼩（*Chimarogale styani*）、北小麝鼩（*Crociura suaveolens*）和水獭（*Lutra lutra*）。

黄河中游湿地爬行动物有2目3科，约16种，以蛇目游蛇科种类为优势类群（14种）。种群数量较大的有白条锦蛇（*Elaphe dione*）、黑眉锦蛇（*Elaphe taeniura*）、虎斑颈槽蛇（*Rhabdophis tigrinus*）等，稀有种类有鳖（*Pelodiscus sinensis*）和乌龟（*Chincmys reevesii*）。

黄河中游湿地两栖类动物有2目5科，约14种，以蛙科种类为优势类群，占总数的50%。常见的种类有中华蟾蜍（*Bufo gargarizans*）、花背蟾蜍（*Bufo raddei*）、泽蛙（*Rana limnocharis*）、黑斑侧褶蛙（*Pelophylax nigromaculata*），国家二级保护物种大鲵（*Andrias davidianus*）仅在河南省新安县黄河支流入口处可见到。

黄河中游湿地现有的鱼类为7目12科，约82种，其中以鲤形目鲤科鱼类为优势类群，约58种，占总种数的70.7%。特产种类有多纹颌须鮈（*Gnathopogon polytenig*）、中间颌须鮈（*G. intermedius*）、似铜鮈（*Gobio coriparoides*）等。该区域主要经济野生鱼类有马口鱼（*Opsariichthys bidens*）、青鱼（*Mylopharyngodon piceus*）、草鱼（*Ctenopharyngodon idellus*）、鳡鱼（*Elopichthys bambusa*）、银鲴（*Xenocypris argentea*）、鲫鱼（*Carassius auratus*）等20余种。

黄河中游湿地的无脊椎动物、原生动物、腔肠动物、轮形动物、环节动物、软体动物、节肢动物等多达589种。

乌梁素海黑颈长脚鹬

东营湿地东方白鹳

黄河三角洲群鸟飞翔（胡友文 摄）

（3）黄河下游——黄河三角洲国家级自然保护区：黄河三角洲国家级自然保护区内自然分布的高等植物约78科241属440余种，其中野生种约360种，以被子植物为主。根据保护区植物区系中各科所含种数的统计分析，种数在30种以上的只有禾本科，种数在20～30种的只有菊科，种数在10～20种之间的有藜科、莎草科和豆科，种数在4～10种之间的有5个科，共同构成了黄河三角洲植物区系的主体。属于国家二级保护的濒危植物野大豆（*Glycine soja*）在保护区内有较广泛的分布。

黄河三角洲国家级自然保护区内动物资源比较丰富，共有各种野生动物约1524种，同时包括陆生动物与海洋动物类群。其中陆生脊椎动物约300种，陆生无脊椎动物约583种，水生生物约641种。在水生生物中，海洋性水生动物约418种，属于国家重点保护的海洋兽类有江豚（*Neophocaena phocaenoides*）、瓶鼻海豚（*Tursiops truncatus*）、斑海豹（*Phoca largha*）、小须鲸（*Balaenoptera acutorostrata*）、伪虎鲸（*Pseudorca crassidens*）等5种；陆生性水生生物约223种，其中淡水鱼类约108种，属于国家重点保护的有达氏鲟（*Acipenser dabryanus*）、白鲟（*Psephurus gladius*）、松江鲈（*Trachidermus fasciatus*）等3种。保护区内共有鸟类390多种，占全国鸟类总种数的22.3%，其中属于国家一级重点保护鸟类的有东方白鹳、中华秋沙鸭（*Mergus squamatus*）、白尾海雕、金雕（*Aquila chrysaetos*）、丹顶鹤等26种；属于国家二级重点保护鸟类的有大天鹅、小天鹅、斑嘴鹈鹕等；世界上存量极少的稀有黑嘴鸥（*Larus saundersi*）在自然保护区内有较多分布；另外有152种鸟类被列入《中日保护候鸟及其栖息环境的协定》，每年的五六月份都会有200多万只鸟类在保护区内中转、栖息或繁殖（表1-3）。

东平湖须浮鸥

表1-3　黄河流域典型动植物

位　置	动　物	植　物
上游地区	藏羚、白唇鹿、沙狐、黑颈鹤、雪鸡	麦吊云杉、红花绿绒蒿、冬虫夏草
中游地区	灰腹水鼩、水獭、玉带海雕、东方白鹳、白条锦蛇、黑眉锦蛇、中华蟾蜍	胡枝子、香蒲、芦苇
下游地区	江豚、白鹤、东方白鹳、丹顶鹤、大鸨、松江鲈	野大豆、柽柳、盐地碱蓬、芦苇、罗布麻、白茅、旱柳

3. 流域遗传多样性

黄河流域植物种群的遗传多样性受到许多因素的影响和约束。根据各种因素对基因作用方式和机制的不同，可分为内在因素和外部因素。植物基因突变、繁育系统、自然选择、遗传漂变、基因流等内在因素可直接导致等位基因数量和频率的变化。黄河流域复杂的环境、气候变化、人为干扰等外部因素可通过间接的方式，如对植物繁育（育种）方法的完善、定向消除基因、影响遗传漂变等，最终改变植物群体的遗传多样性和遗传结构。

（1）野大豆的遗传多样性：野大豆是黄河流域的广布种，其居群存在较高水平的遗传多样性，居群内遗传分化程度较高，居群间的遗传多样性则较高。以黄河三角洲国家级自然保护区野大豆为例，根据遗传一致度进行聚类分析，东营市5个县区与无棣县的6个野大豆居群、滨州市4个县区与高青县的5个野大豆居群分别聚成了两支，之后再与寿光市的野大豆居群聚在一起，最后再与济南市的野大豆聚在一起，这可能与它们之间的生活环境、地理位置、地区迁徙等因素有关。各居群间存在一定的遗传分化，遗传变异主要存在于居群内。野大豆居群间存在微弱的基因交流，这可能与野大豆的自花传粉与炸荚繁殖等生殖特征有关，遗传漂变更可能是导致黄河三角洲地区野大豆各居群之间遗传分化的原因之一。野大豆所处的地理位置是影响其居群遗传分化的主要因素。除此之外，居群遗传分化还可能受温度、气候、土壤类型、土壤盐碱度等因素的影响。黄河三角洲野大豆可分为四大分支，即济南分支、寿光分支、东营分支、滨州分支，无棣与东营区系聚为一支，高青与滨州区系聚为一支。

（2）芦苇的遗传多样性：芦苇是沿黄河流域的广布种，尤其是黄河三角洲、南四湖和宁夏平原等地，分布极为广泛。黄河三角洲、南四湖和宁夏平原芦苇在形态、物候等性状上存在显著差异，黄河三角洲新生湿地的芦苇有黄河中上游和周边地区两个来源。自然芦苇种群的表型变异主要受环境影响，南四湖是中国东部的淡水湖泊，生境适宜，芦苇的株高、叶长、叶宽等形态性状均显著高于黄河三角洲、宁夏平原地区。宁夏平原位于中国西北地区，降水较少，芦苇生长季较短，开花等物候较早。黄河三角洲在地理位置上与南四湖临近，而在地理成因上与宁夏平原同属黄河的冲积平原，这样的地理特征造就了其谱系来源的复杂性，遗传关系上介于其他两个区域芦苇种群之间，而内部遗传结构不明显。

（3）柽柳的遗传多样性：柽柳是沿黄河流域的广布种，对柽柳叶绿体基因组序列进行了失配分布、中性检验和扩展贝叶斯天际图分析，发现柽柳种群的扩张与现代黄河形成和更新世气候密切相关，物种分布模型预测结果也表明两种柽柳种群在更新世时期发生了扩张。研究表明，黄河上游地区的柽柳遗传多样性水平相对较高，中下游地区的遗传多样性水平较低。

河南黄河湿地国家级自然保护区芦苇荡

宁夏平罗沙湖芦苇

（4）黄河鲤的遗传多样性：黄河鲤是黄河流域的广布种，保持丰富的遗传多样性对黄河鲤鱼群体非常重要。各黄河鲤种群之间有一定的遗传分化，没有近亲繁殖现象，有较为丰富的遗传多样性。黄河鲤的种质资源目前尚处于安全状态。目前，竞争性鱼类放流、酷渔滥捕、水质污染和富营养化等因素虽未对黄河鲤造成遗传资源上的严重危害，但也不能放松警惕，因为黄河鲤DNA各个位点上的有效等位基因数还比较少，个别位点遗传分化系数也超过了种群间无遗传分化的标准。因此，保持必要的群体数量，特别是野生群体的数量是减少发生瓶颈效应和近交衰退现象的有效手段，对黄河鲤资源应制定并严格执行相关规定，对其资源应合理开发并加以保护。

4. 农业种质资源多样性

黄河流域有丰富的农业种质资源，典型农业用地主要包括河西走廊、河套平原和黄淮海平原三大部分（表1-4）。

（1）上游河西走廊：河西走廊辖酒泉、张掖、武威、金昌、嘉峪关5个地级市共20个县，全区人口397.8万，人均约14公顷，占甘肃省总土地面积的60.69%。其中耕地面积87.4万公顷，占全省的16.92%；有效灌溉面积65.63万公顷，占全省灌溉面积的65.82%。区内光热资源丰富，日照时数2919～3289小时，≥10℃积温2000～3670℃，年降雨量50～500毫米，平均年降水100毫米左右，年平均气温日较差13～16℃，无霜期130～170天，属于灌溉农业区，也是作物高产优质最适宜气候带。据不完全统计，河西走廊主要种植的粮食作物有16种，品种100多个；油料作物6种，品种约30个；糖料作物1种，品种约2个；蔬菜瓜类作物32种，品种200多个；果树13种，品种100多个；绿肥4种，品种约8个。共计72种农作物资源，品种近500个。

（2）中游河套平原：河套平原主要位于巴彦淖尔市，地理坐标为东经105°12′～109°53′，北纬40°13′～42°28′，地域辽阔，土地资源丰富，为当地经济发展提供了得天独厚的条件。河套平原主要粮食作物为小麦和玉米，主要经济作物为向日葵、瓜果、蔬菜，并且还大面积种植优质牧草，粮食作物、经济作物、优质牧草的比例大致为52.2∶41.4∶6.3。

（3）下游黄淮海平原：华北平原是中国三大平原之一，也是中国人口最多的平原，中国东部大平原的主要组成部分，位于东经114°～121°，北纬32°～40°，北抵燕山南麓，南达大别山北侧，西倚太行山—伏牛山，东临渤海和黄海，跨越京、津、冀、鲁、豫、皖、苏

黄河两岸农田湿地

7个省（市）。华北平原地势平坦，河湖众多，总面积30万平方千米，占中国陆地总面积的3.1%。黄淮海平原是华北平原的重要组成部分，土层深厚，土质肥沃，主要粮食作物有小麦、水稻、玉米、高粱、谷子和甘薯等，经济作物主要有棉花、花生、油菜、芝麻、大豆和烤烟等。黄淮海平原是中国重要的粮棉油生产基地，是以旱作为主的农业区。黄河以北原以二年三熟为主，粮食作物以小麦、玉米为主，主要经济作物有棉花和花生。随着灌溉农业的发展，黄河以北一年二熟制面积不断扩大。黄河以南大部分地区可一年二熟，以二年三熟和三年五熟为主，复种指数居华北地区首位，粮食作物也以小麦、玉米为主。20世纪70年代以来，沿河及湖洼地区扩大了水稻种植面积，经济作物主要有烤烟、芝麻、棉花、大豆等。此外，黄淮海平原还盛产苹果、梨、柿、枣等。

表1-4　黄河流域主要农作物

位　置	区　域	主要作物
上游河西走廊	酒泉、张掖、武威、金昌、嘉峪关	72种农作物资源，品种近500个
中游河套平原	巴彦淖尔	小麦、玉米、向日葵、瓜果、蔬菜、牧草
下游黄淮海平原	东部大平原的主要组成部分	小麦、水稻、玉米、高粱、谷子、甘薯、棉花、花生、油菜、芝麻、大豆、烤烟

黄河流域综合生态治理

习近平总书记多次强调，“治理黄河，重在保护，要在治理”“要共同抓好大保护，协同推进大治理”“保障黄河长治久安”“黄河宁，天下平”。千百年来，中华儿女坚持不懈治理黄河，取得了很大成绩。尤其是中华人民共和国成立以来，更是实现了黄河治理从被动到主动的历史性转变，确保了黄河安澜。

一、黄河流域生态治理概况

（一）流域界定

黄河流域是指黄河干支流的地面分水线和入海口断面所包围的面积，它流经的九省（区）面积总和为359.76万平方千米，其中黄河流域面积约占22.1%。黄河古称大河，因中下游河水浑浊呈黄色，在东汉时被称为黄河，属于太平洋水系，由多元独立湖盆水系经过上百万年的发育演变，逐步成为一条由西向东、九曲蜿蜒、流入东海的大河。关于黄河的源头，战国时代的《尚书·禹贡》有“导河积石，至于龙门”之说。唐太宗贞观九年（635年）曾派员至积石山考察河源，唐穆宗长庆元年（821年）刘元鼎奉使入蕃，途经河源区，得知河源出于紫山（即今巴颜喀拉山）。元代、清代也曾正式派员考察黄河源头，对本源的认识各有不同。1952年，黄河水利委员会（以下简称“黄委会”）组织河源勘察队确认历史上所指的玛曲是黄河的正源。1985年，黄委会根据历史传统和各家意见，在玛曲曲果树立了河源标志。

甘肃省玛曲县采日玛镇黄河自然风光

历代史书上没有记载黄河确切的流域面积。1954年，黄委会曾根据相关地图和数据，对黄河河道的长度和流域面积有明确表述，流域面积为745 100平方千米，河道长4845千米。截至20世纪60年代，《黄河流域水文年鉴》上一直把东营罗家屋子作为黄河入海口，流域面积为737 699平方千米，河道长4845千米。1973年，黄委会与各地主要水文站协作，以国家测绘总局、中国人民解放军总参谋部航测和实测图为依据，经水利电力部批复同意后，确定了新的测量成果。新的测量数据为：黄河发源于青藏高原巴颜喀拉山北麓的古宗列盆地；流经青海、甘肃、宁夏、内蒙古、陕西、山西、河南、山东九省（区），在山东省东营市垦利区入渤海；干流全长5464千米，落差4480米，流域面积752 443平方千米。总的来说，新的测量数据大于原来的数据，主要是将“天然文岩渠”和“金堤河”也纳入了黄河水域。黄河流域从地图上看位于东经96°～119°、北纬32°～42°之内，东西长1900千米，南北宽1100千米。1986年以后，在修订黄河治理开发规划期间，国家决定将黄河流域范围内的内流区面积计入，黄河流域面积修订为79.5万平方千米，集流面积仍为75.2万平方千米。

（二）经济和社会发展历史

黄河流域气候温和、土质疏松、水系丰富，宜于生存和农耕，自远古以来一直是人类生

表1-5 历史时期黄河流域人口数

时期	公元/年	人口/万
夏初	前2100	1300
秦末汉初	前205	1000
三国初期	220	2500
唐代（峰值）	750	9000
宋初	980	6000
元代（峰值）	1350	10 000
明代（峰值）	1570	15 000
清代（峰值）	1852	44 000
民国初年	1911	42 000
中华人民共和国成立	1949	55 000
当代	2019	139 000

存和繁衍的聚集地（表1-5），也是我国奴隶社会和封建社会前期的政治、经济、文化中心，在黄河流域建都的历史绵延3000多年，说明黄河流域在中国历代经济和社会发展中都具有十分重要的地位。

历史时期黄河流域的人口重心，主要位于东经113.78°～116°、北纬35.32°～36.5°之间，即今河南安阳及濮阳、河北邯郸和山东聊城及菏泽一带。相较于城市重心，人口重心偏东一些，变化幅度较大。两汉时期，黄河流域的人口重心主要集中在今濮阳地区；西晋“永嘉之乱”、唐代“安史之乱”和北宋“靖康之难”，造成了中国历史上北方人口三次大规模南迁，也推动了南方经济的发展和经济重心的南移；元代黄河流域人口重心南移到今菏泽一带；明清时期人口重心又往北移，明代人口重心北移到今河北邯郸一带，清代山东地区人口大量增长，重心则往东移到今山东聊城地区（图1-6）（王长松 等，2021）。

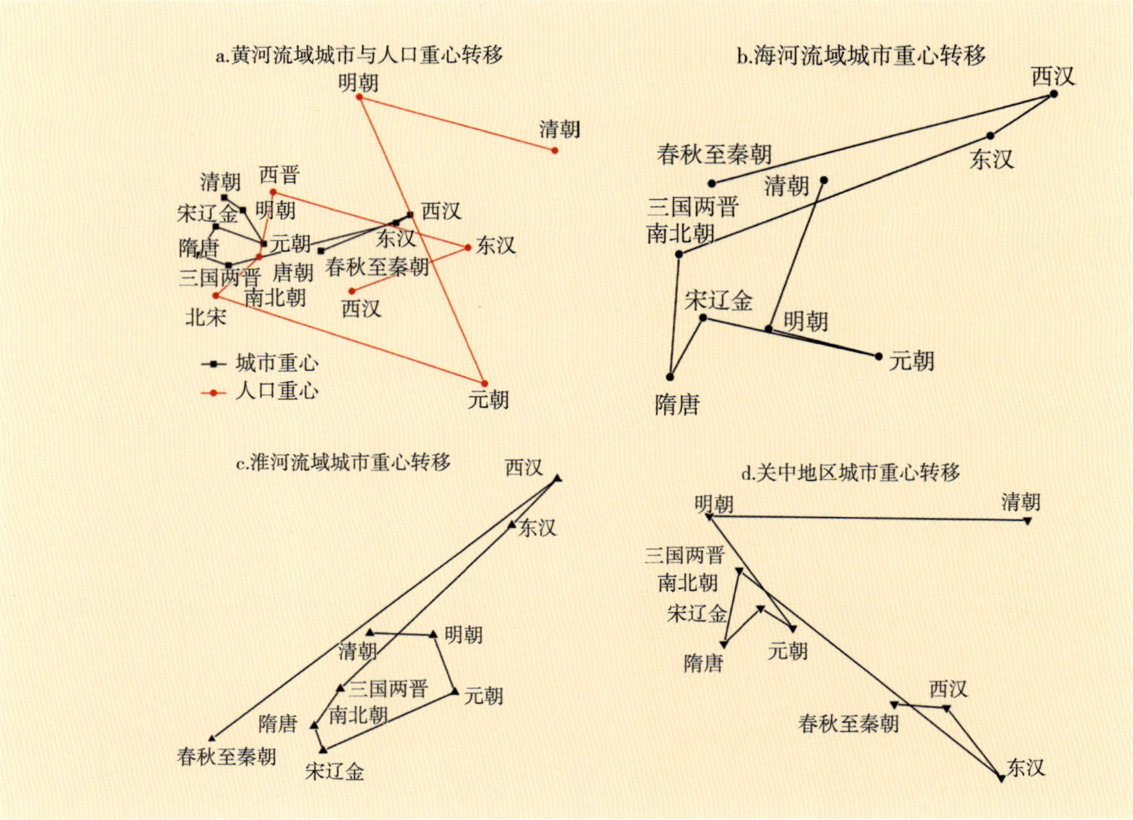

图1-6　历史时期黄河流域城市重心与人口重心转移

历史时期黄河流域城市兴衰、重心转移和人口重心转移的过程，可以从侧面反映出黄河流域在中国历史上的经济和社会地位。大致可概括为：远古时期中华民族的摇篮；春秋战国时期中华民族的圣地；秦汉时代农业大发展；汉唐时期文化大发展；宋元时期交通大发展；金元时期大动荡；清朝康乾之后走下坡。走下坡的原因主要有两个：一是国家政治文化中心先后发生了向南和向北的转移，长江流域的经济得到了较快发展，以及燕京渤海区域和东北地区的勃兴；二是黄河流域的植被遭到了严重破坏，黄河中下游地区是我国森林植被遭破坏最早和最彻底的地区，据统计，“黄河中下游的植被覆盖率，在秦汉时为43%，到明末清初下降为15%，到1949年又下降为9%”。中下游地区森林植被遭破坏大致经历了西周—战国、秦汉—北朝、唐宋和明清四个时期，到后期，平原地区的森林被破坏殆尽，已无成片的林木存在。关中平原到战国时期还是“山林川谷美，天才之力多”，到了唐宋时期，采伐范围不断扩大，山地森林遭到严重破坏。中唐开元天宝年间，修建长安的良材巨木主要取之于岚（今山西省岚县）、胜（今内蒙古自治区准格尔旗的十二连城）二州。明清两代是本地区森林遭遇颠覆性破坏的时期。明代实行大规模垦荒，垦荒就会砍伐树木，过度的砍伐使森林植被遭到了严重破坏，进而造成黄河中下游地区的水土流失，本地区的经济发展也因自然环境的日趋恶化而遭遇重大障碍。随着植被遭到破坏，黄土高原的土壤在河流的巨大侵蚀下被大量卷走，由此形成了千沟万壑、支离破碎的地表形态。植被的破坏及中原地区战乱较多，不仅导致黄河中下游水患加剧，还导致本地区人口外迁和经济增速下降。中国虽落后于西方近代工业革命百余年，但黄河流域直线衰落却是1840年鸦片战争以后，其原有的经济格局、交通体系在诸多因素的干预下，发生了深刻变化，根本原因是清政府在外敌入侵后屡战屡败和大量的割地赔款。

（三）黄河水系治理与利用的历史

水少沙多、水沙异源，是黄河水系的突出特征。从先秦至中华人民共和国成立的2700多年中，黄河下游共溢水决口1500余次，改溢26次，其中大的改道5次，影响北达天津、南抵江淮，纵横25万平方千米。水患所至，“城郭坏沮，稸积漂流，百姓木栖，千里无庐”，并造成了下游区的“开封城，城摞城”。如果从大禹治水算起，中华民族与黄河水患斗争的历史，则已长达4000多年。主持过黄河治水工程的历代重要人物有：夏禹、西门豹、郑国、贾让、张戎、王景、司马孚、苏辙、都实、周用、万恭、潘季驯、杨一魁、朱之锡、靳辅、陈潢、嵇曾筠、吴大澂、张曜、高斌、林则徐、傅作义等。

郑国渠泾河大峡谷

宁夏开凿引黄渠黄河渡口壁画

在黄河水系的治理和利用上，古人的精神和方法值得借鉴。历史传说和古籍文献中，大禹治水的事迹最为动人。他“变堵为疏、三过家门而不入”，因而成为夏朝的首位帝王，他的治水智慧和奋斗精神，已成为远古治黄精神的典范。公元前246年，郑国（河工）奉韩国桓惠王之命西去秦国劝说秦王兴修水利，从而建成了我国最早的水利工程——郑国渠。郑国渠西由泾水东至洛水，长达150千米，灌溉面积约7.3万公顷。郑国渠的兴建推动了农业的发展，为秦国富强提供了重要条件，也构成了秦统一六国的重要因素。清康熙十六年（1677年），河道总督靳辅邀陈潢协助治水，陈潢在治理黄河方法上，继承了明代治河专家潘季驯的“筑堤束水，以水攻沙”，兴建分洪坝、挖引河，更好地对防洪进行调度。雍正元年（1723年），雍正命兵部侍郎、河道副总督嵇曾筠治黄和加固堤防，并下令封赏历代治河功臣，在河南省武陟县建立了“嘉应观”。

中国共产党的成立使得黄河流域的开发与治理问题进入到一个重要的历史阶段，预示着全流域黄河难题的科学解决成为可能。1946年前，中国共产党在黄河问题的处理上只集中于黄泛区救灾与陕甘宁边区建设方面。1946年，标志着人民治黄事业的正式开启。1950年1月25日，中央政治局决定成立黄河水利委员会（副部级），统一领导和管理黄河流域九省（区）的防汛与河防建设工作。同时，通过废除国民政府时期的汛兵制度、建立群众性防汛护堤组织等措施，发动群众展开多次复堤整险、护河防汛运动，以“超强的政治动员和组织能力，使复堤和防汛成为群众性运动，形成了一种新型的全民防汛机制”，实现了“技术与人民相结合、理论与实践相结合”的科学治黄愿景。

甘肃省永靖县刘家峡水库黄河洮河交汇

从治黄的演变趋势来看，从筑堤防洪的方案设计演变为如今的生态保护和高质量发展的国家战略，党和国家对黄河这一“实体”的基本特质、内在逻辑、现实出路等问题的思考也在逐渐过渡到科学深入阶段。具体而言，即党和国家在治黄过程中已经客观认识到黄河本身存在的水沙关系不协调与生态环境脆弱的基本事实，洪水威胁、水资源短缺与污染、发展质量亟须提升等表层困境，进一步明确了人与黄河和谐共生是治黄的趋势所在。“共同体形态”的搭建明确赋予了黄河治理方向，并力图在这一形态模式中充分贯彻人与自然和谐共生的生态文明建设现代化理念，通过破解生态治理与现实难题之间、环境保护与经济发展之间存在的矛盾，竭力探索出人与黄河和谐共生的共同体形态，最终实现经济发展与生态保护的双赢局面。

小浪底水利枢纽调沙调水壮观场面

二、黄河流域生态保护工程

党的十八大将生态文明建设纳入“五位一体”中国特色社会主义总体布局，要求把生态文明放在突出位置。黄河流域是我国经济社会发展的重点区域，也是发展和保护矛盾比较突出的区域，黄河生态环境保护是生态文明建设的重要组成部分，也是党和国家以及各界专家学者们热切关注的焦点问题。近年来，国家不断加大黄河流域生态保护和环境治理力度。

1. 禁渔制度

在水生生物资源及其栖息地保护方面，通过实施严格的禁渔区、禁渔期制度，开展水产种质资源保护区建设和增殖放流活动，不断加强渔政执法监管。从2018年起，农业农村部和各省、自治区根据黄河流域资源特点及保护管理的需要，在黄河实施了统一的流域性禁渔期制度。每年的禁渔时间为4月1日12时至6月30日12时，禁渔区域为黄河干流和白河、黑河、洮河、湟水、大黑河、窟野河、无定河、汾河、渭河、洛河、沁河、金堤河、大汶河等13条主要支流，以及扎陵湖、鄂陵湖、东平湖3个大型通江湖泊。目前，非法捕捞行为已得到有效遏制，黄河干流生产性捕捞活动在逐步减少，沿黄河九省（区）渔船数量已由2007年的9000多艘下降到目前的4000多艘，而且渔民、渔船和产量主要集中在黄河重点水库和中下游湖泊。“十三五”期间，中央和黄河流域九省（区）共投入增殖放流资金5.93亿元，放流水生生物苗种23.43亿尾，主要增殖种类包括花斑裸鲤、极边扁咽齿鱼、秦岭细鳞鲑、厚唇（裸）重唇鱼、大鲵、赤眼鳟、草鱼、鲢、鳙、鲤、鲫、乌龟、中华鳖、兰州鲶、乌鳢、中华绒螯蟹等。黄河流域持续开展增殖放流工作，为黄河重要渔业资源种群的补充、恢复和生物多样性保护发挥了积极作用。

2. 天然林保护工程

1998年，党中央、国务院决定在黄河中上游停止采伐天然林，正式拉开了天然林保护工程序幕。经过20多年的建设，累计投入资金达1066亿元，黄河流域天然林保护取得了巨大成效。一是森林面积净增643.14万公顷，森林蓄积净增32 900.34万立方米。保护工程区天然林面积净增271.89万公顷，占该流域新增森林面积的42.3%；天然林蓄积增加了17 716.23万立方米，占该流域新增森林蓄积的53.8%。二是黄河小浪底、伊洛河黑石关和沁河武陟等站输沙量均有不同幅度的下降，有效减缓了黄河下游淤积，确保了沿黄地区人民群众的生命安全，有力支撑了黄河流域及其相关地区可持续发展的大局。三是黄河流域物种生境逐渐恢复，生态环境显著转好，生物多样性日趋丰富，特别是一些旗舰性物种逐渐得到恢复，如熊猫、朱鹮、金丝猴、藏狐等种群数量不断增加。多年不见的稀有植物如红豆杉、连香树等在黄河流域被陆续发现，珙桐、苏铁等国家重点保护野生植物种群数量也明显增加。2016年，胡杨、红腹锦鸡、灰鹤等100多种绝迹多年的野生动植物在库布齐沙漠中再次出现。青海省天然林保护工程区野生动物种群数量，尤其是珍稀野生动物的种群数量逐步回升，国家重点保护的马鹿、白唇鹿、雪鸡、蓝马鸡等一、二级保护动物数量明显增加，国际濒危野生动物雪豹、金钱豹频频出现在三江源腹地。被列为极度濒危野生动物的普氏原羚在青海湖周边的数量由20世纪80年代的不足300只恢复到近2000只。青藏高原特有的藏茵陈、大黄、秦艽、雪莲、兰花等珍稀植物物种呈现恢复性增长。

藏狐

马鹿

丹顶鹤

三、黄河流域自然保护地体系建设

黄河流经的九省（区）中，与黄河流域范围密切相关的典型自然保护地共计162处，包括3处国家公园，分别为三江源国家公园、大熊猫国家公园和祁连山国家公园；还有候选的国家公园，包括在建的黄河口国家公园和若尔盖、六盘山、贺兰山、秦岭、大青山、太行山等7处；34处国家级自然保护区，86处省级自然保护区，16处市级保护区及23处县级保护区，基本形成了黄河流域比较系统、完整的自然保护地体系（附录）。黄河流域自然保护地保护类型涵盖了内陆湿地、野生动物、野生植物、森林生态、古生物遗迹、地址遗迹、草甸草原、荒漠生态、海洋生态等九大类，其中内陆湿地是黄河流域最典型的自然保护地。

黄河源头扎陵湖畔奔跑的羚羊

（一）流域生态系统

黄河河流生态系统中，位于水陆交错带的湿地是联系陆地生态系统和水生生态系统的桥梁与纽带，具有保持物种多样性、涵养水源、调节气候、拦截和过滤物质、稳定毗邻生态系统及净化水质等重要生态功能。

湿地生态系统是河流生态系统的重要组成部分，同时，湿地又和森林、草原、沙漠等生态系统一起构成了流域生态系统，且与流域其他生态系统相互影响、相互制约，甚至相互转变。流域生态演替和退化的诸多方面，如林草覆盖率降低、水土流失、荒漠化面积扩大、河流廊道水生和陆生动植物减少等，都与流域内湿地的赋存状态变化有密切关系。

湿地是维护流域生态安全尤其是水生态安全的重要基础，湿地与森林、草原等生态系统在维持流域生态完整性和结构稳定性

方面发挥着重要作用。受流域地理、气候、水资源、人类干扰等因素影响，黄河水生生态系统简单而脆弱，尤其上游地区许多土著或特有鱼类具有重要遗传与生态保护价值，是我国高原鱼类的资源宝库。

综上所述，湿地和鱼类栖息地质量、数量是黄河河流健康的重要标志，国家相关部门划定的湿地自然保护区、水产种质资源保护区、重要生态功能区等是河流生态系统重要的组成部分，也是黄河流域重要的生态保护目标。

（二）流域主要保护湿地

黄河穿越多种地貌类型，干流及支流迂回于山脉和平原之间，加上黄河自身多泥沙及摆动频繁的特点，形成了黄河流域相对丰富的湿地资源。流域主要保护湿地包括黄河源区高寒湿地、上游湖泊水库湿地、沿河洪漫湿地（河道湿地）、河口三角洲湿地，具体包括黄河源区湿地、若尔盖草原区湿地、宁夏平原区湿地、内蒙古河套平原区湿地、毛乌素沙地湿地、小北干流湿地、三门峡库区湿地、下游河道湿地、河口三角洲湿地等九大分布范围。

为保护黄河流域湿地资源，相关部门在黄河流域共建立各级湿地自然保护区29个，其中22个自然保护区与黄河干流有直接或间接的水力联系，是流域主要保护湿地。

1. 黄河源区高寒湿地

黄河源区湿地属于自然湿地，位于青藏高寒湿地区，生态功能主要是涵养水源、调节黄河水量，其次是维护流域生态平衡、维持生物多样性、调节区域气候等。主要包括三江源国家公园、祁连山国家公园、孟达国家级自然保护区等。高寒沼泽植被和高寒草甸植被是本区最重要和最典型的植被类型，鸟类中古北界种类占明显优势，从居留型上分析，夏候鸟、留鸟占优势，旅鸟、冬候鸟所占比例很小，鸟类区系组成具有青藏高原的典型成分。黄河源区湿地主要生态问题是沼泽退化、湖泊萎缩、冰川退缩、土地沙漠化等，生态环境十分脆弱，生态系统结构单一。导致黄河源区湿地退化不可忽略的因素是人类干扰，如过度放牧、疏干沼泽等。

阿万仓湿地

黄河上游的花湖湿地

2. 上游湖泊水库湿地

上游湖泊湿地属于半人工湿地，主要由引黄灌溉退水在低洼处形成的半人工水域组成，在维护区域生物多样性的基础上，能够承接区域农灌退水，提供社会服务功能，如旅游开发、芦苇收割、水产养殖等，主要包括玛曲青藏高原土著鱼类省级自然保护区、黑河湿地省级自然保护区等。地理位置独特，是中国西北部水鸟迁徙的重要驿站，鸟类组成以夏候鸟和旅鸟为主，冬候鸟较少。上中游湖泊湿地绝大部分位于中国西北内陆干旱区，降水稀少，地表水严重不足，地下水更是缺乏。大多数湖泊与黄河无直接水力联系，湿地的形成和维持主要是靠黄河农灌退水提供水源，黄河过境水是最主要的可用水源。由黄河生态系统的水资源要素分析可知，该类型的大多数湿地属流域的竞争性用水对象。

上游水库湿地属人工湿地的范畴，因水库调度功能而具有调蓄洪水和提供水禽栖息生境的作用。本区自然植被属干旱草原类型，湿地植物主要有芦苇、香蒲等。湿地动物夏候鸟占绝对优势，旅鸟和留鸟次之，冬候鸟较少。湿地景观以黄河水面为主体，库区湿地演化变迁与水库的运用方式、黄河来水来沙条件等密切相关。对库区淤滩进行围垦、大坝筑堤等是上游水库湿地存在的主要威胁因素。

三门峡黄河湿地

黄河入海口湿地（杨斌 摄）

3. 黄河沿河洪漫湿地

黄河沿河洪漫湿地的形成、发展和萎缩与黄河水沙条件、河道边界条件、水利工程建设等息息相关，主要包括运城湿地省级自然保护区、南海子湿地省级自然保护区等。特殊的地理位置和独特的社会背景，使黄河中下游河道湿地具有季节性、地域分布呈窄带状、人类活动干扰极强等区别于其他湿地类型的基本特征。黄河沿河湿地大部分位于黄河中下游，人口密集，人类活动频繁，环境压力和保护难度大，湿地周边经济的发展对湿地的依赖性极强，人与湿地争水、争地现象日趋严重。湿地围垦现象严重是黄河中下游湿地保护面临的主要威胁，据统计，目前已有60%以上的河漫滩被开垦为农田和鱼塘，部分河段河漫滩开垦率高达80%。另一威胁因素是黄河水沙情势变化，洪水漫滩概率减小，湿地水资源补给困难。

4. 河口三角洲湿地

河口三角洲湿地是我国暖温带地区最广阔、最完整和最年轻的原生湿地生态类型，具有重要的保护价值，主要指的是黄河三角洲国家公园。在黄河三角洲生态系统的平衡和演变中，淡水湿地是维持河口系统平衡和生物多样性保护的生态关键要素，具有十分重要和不可替代的生态价值与功能。河口湿地的主体生态功能是维护流域生态安全、保护生物多样性，提供鸟类栖息地，以及防止海水入侵、调节气候等。河口湿地主要生态问题是自然湿地面积逐年萎缩，湿地质量、功能不断下降，湿地的自然演替规律遭到破坏；次要问题是湿地污染严重。

黄河流域高质量发展的目标与规划

一、高质量发展的规划背景及实现途径

（一）规划背景

1. 协调区域经济发展

与长江经济带相比，黄河流域跨越我国东、中、西三大地带，区域特征差异明显。为完善和深化区域经济协调发展战略，深入推进西部大开发、东北振兴、中部崛起和东部率先发展战略，将黄河流域生态保护和高质量发展上升为国家战略。特别是近年来，随着我国经济南北分化不断扩大，推进黄河流域高质量发展有助于改变我国区域经济发展南北失衡的空间格局，真正起到统筹东中西、协调南北方的作用。因此，新时代以新发展理念为指导，探索黄河流域高质量发展路径，不仅对于缩小我国日益严峻的地区差距、解决我国区域发展的不平衡不充分问题具有重要的现实意义，而且对于我国2035年基本实现社会主义现代化、2050年将我国建设成为富强民主文明和谐美丽的社会主义现代化强国，也具有重大战略意义。

2.“一带一路” 建设重点区

黄河流域也是“一带一路”的重要区域。陕西、甘肃、青海、宁夏、内蒙古、四川等省区是丝绸之路经济带的重要省区，其中陕西、甘肃、宁夏、青海四省区肩负着形成面向中亚、南亚、西亚国家的通道以及商贸物流枢纽、重要产业和人文交流基地的重要使命，内蒙古自治区则是向东北亚开放的重要窗口之一。因此，黄河流域的高质量发展关系到“一带一路”建设的有效推进；同

甘肃省兰州市

时，通过全面对接“一带一路”建设等国家重大区域战略，深化区域交流合作，能够增强对腹地的辐射带动能力。丝绸之路经济带向东北延伸，与京津冀协同发展相协调；向南拓展，与长江经济带、长江三角洲地区、21世纪海上丝绸之路及粤港澳大湾区相对接。借助“一带一路”建设以及黄河流域生态保护和高质量发展上升为国家重大战略的政策叠加效应，有利于进一步加强区域联动，提高流域整体对外开放水平，充分发挥地区经济发展潜力。

东营市垦利新汇东海岸

（二）实现途径

黄河流域高质量发展不仅包含经济的高质量发展，还应该涵盖社会和生态系统的高质量发展，要立足于新发展阶段，综合体现创新、协调、绿色、开放、共享五大新发展理念。具体实现途径包括以下几个方面。

1. 生态优先，绿色发展

由于过去一个时期过分强调经济发展，黄河流域存在过度开发、生态破坏、污染严重、水资源短缺等一系列问题，高质量发展面临着严峻挑战。目前，黄河流域生态环境问题仍然十分突出，特别是水资源非常短缺，资源环境具有强约束力。黄河上游局部地区生态系统退化、水源涵养功能降低；中游水土流失严重、支流污染问题突出；下游生态流量偏低，一些地方河口湿地萎缩。水资源保障形势严峻，黄河水资源总量不到长江的7%，人均占有量仅为全国平均水平的27%。水资源利用较为粗放，农业用水效率不高，水资源开发利用率高达80%，远超一般流域40%的生态警戒线。

治理黄河，重在保护，要在治理。要实现黄河长治久安幸福河的目标，就必须全面落实“绿水青山就是金山银山”的理念，正确处理开发与保护的关系，坚持以生态优先、绿色发展为导向的高质量发展道路。将生态优先作为经济高质量发展不可逾越的红线，建立健全以产业生态化和生态产业化为主体的生态经济体系。以高质量发展促进生态高水平保护，以生态高水平保护实现高质量发展。

银川段黄河生态区

2. 深化改革，创新发展

近年来，黄河流域部分地区的经济发展对矿产资源的依赖度较高，污染治理与产业转型升级的压力很大。黄河所经区域是1949年以来中国一次能源（煤炭）与二次能源（电力）最主要的生产基地与供应基地。直到今天，煤炭产量仍然占全国煤炭总产量的70%，大约占我国一次能源生产量的40%。以山西、内蒙古、陕西三省区为代表的相关地区工业发展严重依赖能源资源，工业结构偏重且单一、传统产业产能过剩等问题突出。传统的经济发展方式将难以为

继，必须依靠科技创新驱动引领产业转型升级，实现新旧动能顺利转换，加快破除制约地方经济社会发展的制度性障碍，努力探索和构建黄河流域高质量发展的体制机制和政策环境。

生态黄河沿岸的济南城生机勃勃

3. 统筹推进，协调发展

黄河流域人口多、地域广，社会经济发展严重不平衡，推动黄河流域高质量发展必须解决流域发展存在的不平衡不充分问题。从国家层面来看，应着力提升区域发展战略的联动性和全局性，增强区域发展的协同性和整体性。通过流域内不同区域之间各种形式的合作，合理利用与优化配置要素资源，促进经济合理分工，促进跨区域的国土资源开发，形成生态环境协同治理的良好局面。从地方层面来看，则侧重在所管辖的行政区域内，注重人地关系、产业之间、经济建设与社会建设之间的协调，发挥市场活力并形成创新驱动的发展方式。黄河流域的区域协调发展除了注重基本公共服务均等化、基础设施与通达程度的均衡以及人民生活水平的提升外，还应高度重视区际关系改善、区域合作的加强，尤其是着力提升沿海港口城市与广大流域腹地的物流联系，科学处理中心城市与外围地区的协作关系，深化上下游、干支流、左右岸地区之间的环境协同治理。

4. 合作共赢，开放发展

推动黄河流域高质量发展，必须坚持开放互动与合作共赢相结合，把对内对外开放作为重要动力，努力拓展对内对外开放的广度和深度，不断提高对内对外开放水平。

一是提高利用外资的水平和质量，统筹对外开放与国内发展，逐步形成以双向开放促高质量发展的新格局。设立产业、技术、资源和环境标准，有选择地吸收外资，引导外资发展高新技术产业、先进制造业、现代农业和现代服务业，加强吸收外资研发、设计、营销、技术服务等环节，鼓励外资流向科技、教育、文化、卫生等公共服务领域，实现由注重外资数量向注重质量和水平转变。二是鼓励企业积极引进国外先进技术、设备和管理方法，加强对引进技术的消化、吸收和创新，着力增强企业自主创新能力。三是鼓励高新技术产品和高附加值产品出口，限制资源消耗高、污染环境的资源型产品出口，不断提升出口产品的档次和水平，转变外贸增长方式。四是实施“走出去”战略，鼓励在海外建立资源和生产基地，开辟境外经济合作区，实现由劳务输出向境外投资资源开发转变。

5. 以人为本，共享发展

黄河流域生态保护和高质量发展的最终目的是“让黄河成为造福人民的幸福河”，因此，在推进高质量发展的过程中，必须坚持以人为本，坚持共享发展，把民生建设放在更加优先的位置，解决人民群众最关心最直接最现实的利益问题，不断增强民众对美好生活的获得感、幸福感。

二、“十四五”分类发展目标及工作重点

（一）发展目标

实现生态保护和高质量发展，必须有现代化的产业体系和竞争力强的产业作为支撑。因此，提升产业竞争力、推动产业高质量发展是“十四五”时期黄河流域生态保护和高质量发展的关键，也是实现区域协调发展战略的重要支撑。“十四五”规划提出，全流域要优化中心城市和城市群发展格局，统筹沿黄河县城和乡村建设；实施黄河文化遗产系统保护工程，打造区域具有国际影响力的黄河文化旅游带；建设黄河流域生态保护和高质量发展先行区。

1. 优化中心城市和城市群发展格局

当前，城市群的快速发展已经成为区域经济协同发展的重要平台与载体，对于加快实现区域协调、促进我国经济高质量发展起到了重要作用。黄河流域从上游至下游包含兰西城市群、宁夏沿黄城市群、呼包鄂榆城市群、关中平原城市群、晋中城市群、中原城市群、山东半岛城市群等七大城市群。

黄河流域上中下游的基础条件和限制因素不同，城市群发展面临的问题也不同，应根据流域范围内城市群的不同情况进行职能分工，提升整个黄河流域城市群的综合承载力。山东半岛城市群发挥其位于黄河入海口的地理优势以及经济基础，不断完善城市的公共服务水平，提升城市能级，强化城市群内部城市之间的产业协作，提升城市资源利用率，推动创新链和产业链精准对接，构建现代化产业体系，在提升自身综合承载力水平的同时为中上游地区提供市场，逆向提升中上游城市群综合承载力。关中平原城市群、中原城市群、晋中城市群协调好中上游和下游之间的发展关系，加快产业转型升级，推动绿色技术创新，通过城市群周边城市的发展，提升整个中游区域的整体发展水平。兰西城市群、宁夏沿黄城市群、呼包鄂榆城市群在继续坚持黄河流域中上游生态环境大保护战略指导的同时，不断提升城市的综合服务水平，发展优势产业，打造区域发展新增长极，连接下游区域市场，提升各个城市群的综合承载力。

2. 打造黄河文化旅游、生态旅游带

黄河是中华文明的主要发源地，见证了中华民族繁衍生息、荣辱兴衰的发展历程，演绎

了无数丰富多彩、口耳相传的“黄河故事”，衍生出了具有多元价值的文化旅游资源。

通过建设一批展现黄河文化的标志性旅游目的地，打造黄河文化旅游带，可以有效推动沿黄区域经济的转型升级，强化区域间资源整合和协作，推进全流域旅游发展。发挥上游自然景观多样、生态风光原始、民族文化多彩、地域特色鲜明的优势，加强配套基础设施建设，增加高品质旅游服务供给，支持青海、四川、甘肃三省毗邻地区共建国家生态旅游示范区。中游依托古都、古城、古迹等丰富的人文资源，突出地域文化特点和农耕文化特色，打造世界级历史文化和旅游目的地。下游发挥好泰山、孔庙等世界著名文化遗产作用，推动弘扬中华优秀传统文化。加大石窟文化保护力度，打造中国特色历史文化标识和“中国石窟”文化品牌。依托陕甘宁革命老区、红军长征路线、西路军西征路线、吕梁山革命根据地、南梁革命根据地、沂蒙革命老区等打造红色旅游走廊。实施黄河流域影视、艺术振兴行动，创作一批富有时代特色的精品力作。

宁夏腾格里沙漠与黄河河湾

3. 建设黄河流域生态保护和高质量发展先行区

黄河“几字弯”，是指黄河部分上游和全部中游形成的“几字弯”环抱区域，有兰州、银川、包头、呼和浩特、太原、西安、郑州等中心城市。黄河“几字弯”都市圈资源富集、生态脆弱，打造生态保护和高质量发展先行区有利于加快“纵向与横向”联动协调机制，实现行政上跨区域及产业上跨行业的全面协同发展；黄河“几字弯”都市圈兼具能源、文化和生态三大优势，打造生态保护和高质量发展先行区有利于解决地区对外开放度低、区域战略地位低、生态承载力低、产业创新力低、城市聚集力低、城市及城乡协同度低等“六低”问题。

老牛湾

（二）工作重点

“十四五”时期是实施黄河流域生态保护和高质量发展战略的关键时期。黄河流域公共卫生基础设施薄弱，而且传统产业规模相对较大；战略性新兴产业发展不足，数字经济和网络经济等在很多省区还处于起步阶段；产业抗风险能力较弱。要实现生态保护和高质量发展的战略目标，黄河流域必须着力做好以下几方面。

1. 构建绿色技术创新体系，推动绿色循环经济发展

黄河流域自然资源丰富、生态脆弱，要坚持发展与绿色同行，把自然资本纳入社会总供给函数，探索建立自然资本有效定价制度，形成将绿水青山转化为金山银山的体制机制，实现自然资本的有度有序有效利用。争取在黄河流域布局更多的国家实验室、国家技术工程中心、检验检测中心等国家级研发平台，依托国家中心城市培育黄河创新走廊，进一步汇集高层次人才和创新资源，加快绿色科技创新，构建以市场为导向的绿色技术创新体系。用生态潜能激发经济动能，使绿色发展成为转变经济发展方式的重要动力，形成结构合理、特色鲜明、节能环保、竞争力强的绿色循环高效型产业体系。

2. 提升中心城市辐射引领作用，促进产业集聚

在新的区域协调发展空间结构下，黄河流域要大力支持区域性中心城市的发展，促进周边城市群和都市圈经济、文化、社会水平不断提高，提升中心城市、城市群和都市圈等空间载体的要素集聚和承载能力，构建以中心城市为内核引领都市圈乃至城市群发展的区域空间格局，实现资源的高效配置和技术的创新扩散。促进产业集聚发展，形成黄河流域具有活力的经济产业带。

3. 着力优化营商环境，激发市场活力和创造力

2020年1月1日，国务院颁布的《优化营商环境条例》正式实施，从制度层面为优化营商环境提供了更加有力的保障和支撑，开启了全国优化营商环境的新阶段。同时，围绕黄河流域高质量发展，九省（区）可借鉴《北京市优化营商环境条例》和《上海市优化营商环境条例》，联合提出协同推进优化营商环境的措施，逐步实现流域内政务服务标准统一、资质互认、区域通办，更好地激发市场活力和社会创造力，增强发展动力。

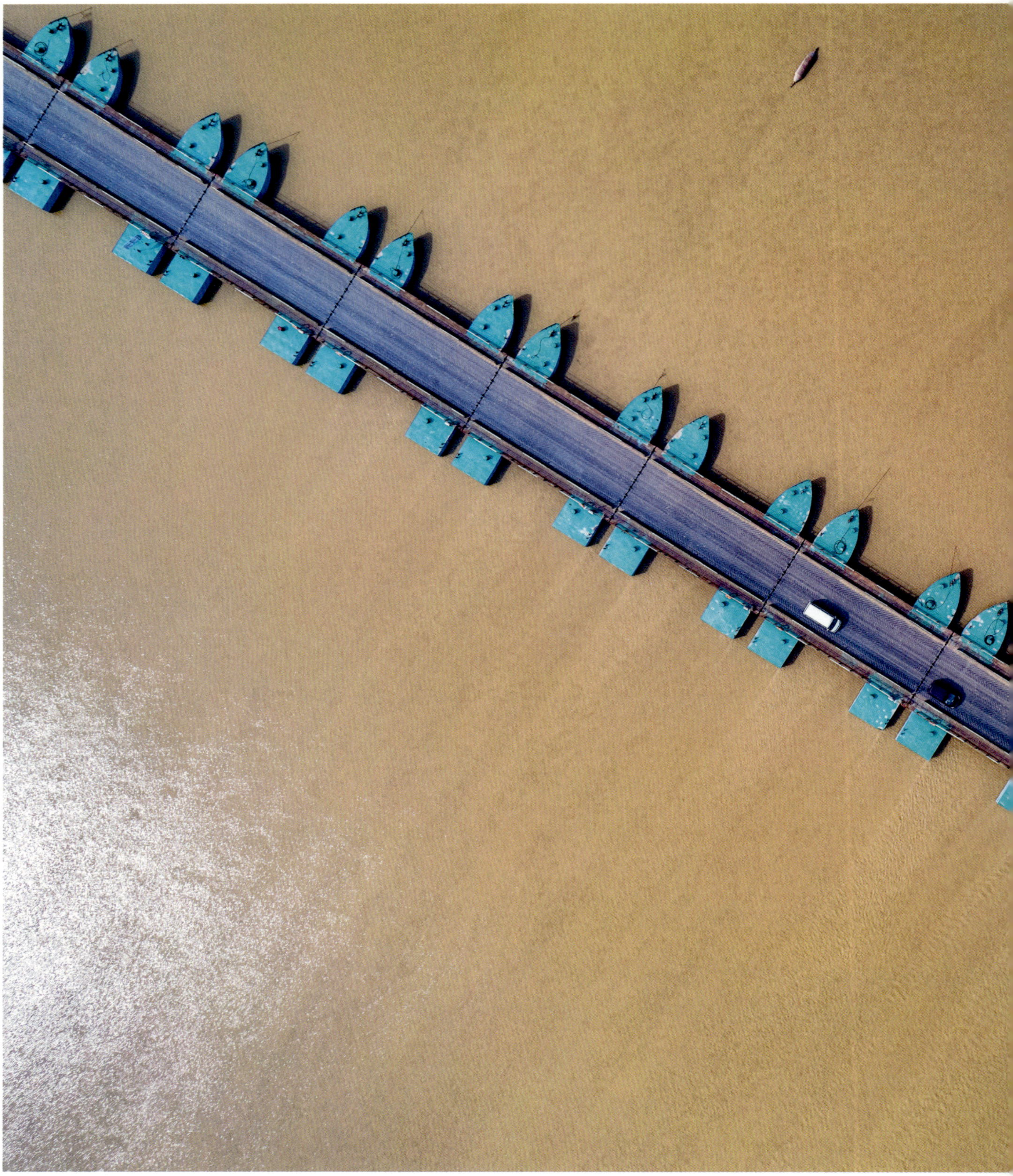

黄河浮桥，山东邹平

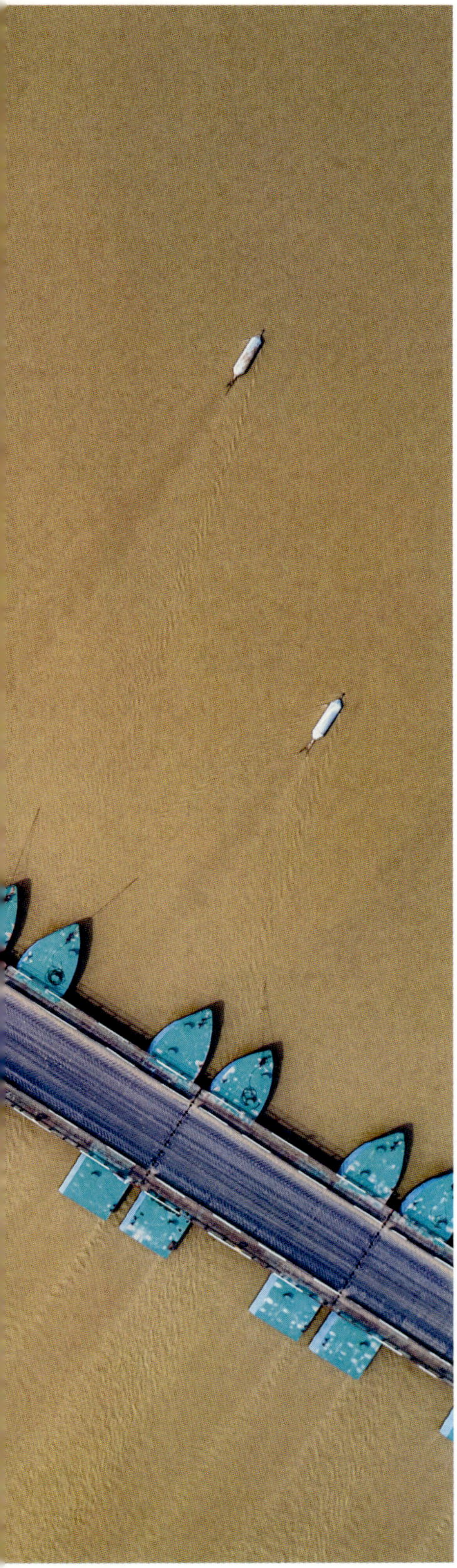

4. 深化对内对外开放，加强区域合作

国内区域层面，丝绸之路经济带向东北延伸可以与京津冀协同发展相协调，向南拓展可以与长江经济带、长江三角洲地区及粤港澳大湾区对接。对外开放层面，从丝绸之路经济带的起点陕西省出发，经腹地甘肃省向西北延伸，通过新疆维吾尔自治区与欧洲相连。陕西、甘肃、宁夏、青海等省区正在形成面向中亚、南亚、西亚国家的通道和商贸物流枢纽的角色。内蒙古自治区则是向东北亚开放的重要窗口之一。同时，提倡以陕西、四川、河南和山东等省为引领，充分发挥自贸区优势，积极融入全球价值链分工体系。鼓励成都、西安等地加快建设国际门户枢纽城市，形成高层次的对外开放新格局，发展高水平的开放型经济，增强黄河流域经济发展新动能。

5. 创新利益协同、补偿和共享机制，强化内部融合

区域高质量发展需要创新省区间的利益协同、补偿和共享机制，打破行政区划界限和要素流动壁垒，加强区域互动与合作，推动融合与联动发展。具体来看，需要做好以下三个方面的工作：一是建立健全黄河流域各省区的共同协商机制，设立由黄河流域九省（区）共同组成的联席工作会议制度，积极搭建各方沟通平台，定期召开高层论坛，落实中央政策，推进区域内政令通行和深化合作。二是创新流域内省区间的产业合作模式，完善“飞地经济”利益共享机制，加快产业转移和产业共同培育，促进共建飞地园区。同时，建立完善多方共享机制，鼓励下游较发达省区发挥优势带动作用，为上中游欠发达省区提供对口支援，共享人才培养、职业培训和技术管理等方面的经验，实现区域内各省区的优势互补与联合发展。三是推动建立黄河流域各省区间的多元化财政转移支付体系，明确中央政府与地方政府、各级地方政府之间的权责义务，优化利益分配和补偿机制，充分调动各行政区协同发展的积极性和主动性，助力黄河流域高质量发展。

三、上、中、下游各区域战略地位及发展方向

黄河流域各省份在地理条件、社会经济发展水平、基础设施建设完善程度、资源禀赋水平以及国内分工等方面存在差异，因此，黄河流域整体与内部各省区需要综合考虑地区不同的定位与特点等因素，以制定适合本区域的高质量发展对策（表1–6）。

表1–6　黄河流域九省（区）功能定位

省　区	功　能　定　位
青海	肩负起保护黄河源头的重要责任
四川	助力黄河上游水源涵养
甘肃	打造黄河流域生态保护和高质量发展示范区
宁夏	建设黄河流域生态保护和高质量发展先行区
内蒙古	走好生态优先和绿色发展为导向的高质量发展新路
陕西	铸造黄河流域生态保护之芯与高质量发展之核
山西	筑牢拱卫京津冀和黄河生态安全的重要屏障
河南	聚力“四区”协同的流域标杆
山东	绘就黄河下游高质量发展的齐鲁画卷

（一）上游战略地位及发展方向

黄河上游虽生态环境比较脆弱，居住人口较少，经济社会发展落后，整体处于工业化中期的初期发展阶段和区域经济的起飞发展阶段，但同时也是我国重要的生态屏障、民族地区、国家战略枢纽地，存在自然条件特殊、水源涵养能力低、生态与生产用水矛盾突出、工业空间和生态空间失衡、产业层次较低、国有企业转型困难、社会经济内部联系松散和内部竞争激烈、区域组织呈自组织的“多中心”空间结构、国家重工业基地地位弱化及“孤岛效应”影响延续等内在问题，并与区域生态保护和高质量发展存在严重冲突或矛盾。基于以上问题，上游流域应从以下几点促进高质量发展。

甘肃黄河农田

1. 深化对黄河域情的认识

鉴于上游域情特殊、责任特殊、生态地位特殊，要奋力推进“一优两高”，以国家公园示范省、清洁能源示范省、绿色有机农畜产品示范省、高原美丽城镇示范省、民族团结进步示范省为载体，以创建促提升、以示范带发展，从国家层面集中政策、项目、资金等资源，聚合形成具有上游流域水源涵养特色的发展格局和优势。

2. 实施水源涵养

上游流域作为全流域最主要的淡水涵养地和最重要的生物栖息地，要突出水生态安全的主线。一方面，聚焦高寒草地、农牧交错区等典型生态系统，以三江源、祁连山、黄河湾区水源涵养区为重点，提高源头区水源涵养功能。另一方面，加强流域污染治理，强化环境基础建设，扎实推进黄河流域治污行动，确保水环境质量持续改善。

3. 找准生态保护与经济发展均衡点

坚持从自身优势出发，力避同质化、低端化和不接地气的产业。必须立足区位、资源、科教、产业等发展基础，不断增强经济创新力和竞争力，旗帜鲜明地发展制造业，努力打造成为全国重要的新型能源产业基地。同时，要积极发展绿色有机农畜产品，完善城镇载体建设，让良好的生态环境成为高质量发展的增长点及高品质生活的支撑点。

重点是生态保护优先，保护好中华水塔，建设水源涵养区，提升绿色发展能力，降低发展代价，实现持续、绿色的经济增长和社会转型，并实现生态保护目标。将黄河上游流域打造成生态文明建设与流域绿色协调发展的重要引领区，充分展现上游流域源头责任、干流担当，在把握源头与流域、国家战略与源头责任、保护与发展的关系中找准定位、体现价值。

巴彦淖尔平原

（二）中游战略地位及发展方向

黄河中游地区是西部乃至全国的重要生态安全屏障，更是国家生态安全战略格局“两屏三带”中“北方防沙带”“黄土高原—川滇生态屏障”的重要组成部分，保障着黄河流域的生态安全。

1. 深化区域产业合作

将黄河中游地区作为一个有机整体，基于蒙晋陕豫跨省地区经济发展普遍落后的现实情况，未来要加快资本、信息、技术等生产要素的流动，通过优化资源配置，推动产业合作，实现资源要素的优势互补，建立科学合理的产业分工体系，推动经济系统向更高级状态发展。

2. 完善内外交通体系

蒙晋陕豫四省区要加快合作，共建黄河中游干流沿线内外交通体系，打通省际断头路，加快与全国骨干路网的对接，提升主要城市之间的通达性，打造以高速公路为骨架、高等级干线公路为支撑、农村公路为基础的公路框架网络体系，为加快构建内需生产消费循环体系及经济高质量发展提供坚实的基础保障。

3. 加大开放合作力度

开放合作是实现黄河中游地区高质量发展的内在要求和重要途径，构建全方位立体化开放格局是驱动黄河中游沿线地区经济实现高质量发展的战略方向，是破解发展进程中难题的动力。首先，要积极参与共建丝绸之路经济带；其次，将“走出去”和“引进来”相结合，让黄河中游地区的资源优势和市场规模优势成为高质量发展过程中的主要优势。

4. 完善生态保护治理机制

加强水土保持生态工程建设，持续推进退耕还林还草、旱作梯田、淤地坝生态工程建设等。同时，要因地制宜、分类施策、尊重规律，结合不同区域的特点采取差别化的生态恢复措施，如黄土高原核心区域以保护土壤、增加植被覆盖、拦沙减沙等为主要任务，以植树造林、退耕还林还草，以及旱作梯田、淤地坝生态工程建设等为重点，提高生态环境承载能力，减少入黄泥沙；在关中平原以及中原地区，以城市群建设和生态恢复等为基础，增强现代产业生产能力等。

在兼顾生态保护的同时，应清理整顿岸线内的工业企业，合理布局战略性新兴产业，打造绿色发展示范区，实现能源资源一体化发展和经济社会可持续发展，并解决发展不平衡不充分的问题，以绿色发展开辟黄河中游地区生态保护和高质量发展的战略新格局。

（三）下游战略地位及发展方向

黄河下游流域具有防洪护岸、水源涵养、生物栖息等功能，制造业基础比较雄厚，且是黄河流域重要的农业基地，如黄淮海平原是我国粮食主产区。黄河下游河道具有上宽下窄的特点，河道泥沙冲淤变化剧烈，河势游荡多变，是流域防洪的重要河段。区位优势明显，人口密集，人才集聚能力较强，经济发达，下游的滩区和河口三角洲是重要的湿地保护区、高效生态经济区和生物多样性的基因库。生态保护和高质量发展对于保障黄河流域经济社会的可持续发展，确保流域生态环境保护目标的实现，促进黄河流域生态健康方面具有特殊意义。

黄河下游流域生态保护和高质量发展面临的主要问题主要有四点：一是防洪保安存在短板；二是河道治理与经济发展融合不够，保护与开发矛盾突出；三是水资源衰减与用水刚性增长矛盾突出，水资源利用效率不高；四是河流生态功能持续退化，河口自然湿地功能萎缩。基于以上问题，下游流域生态保护和高质量发展的基本方向须着重把握以下几个方面。

1. 防洪治水患

尽早对黄河防洪设计标准及设防流量进行测定，实施控导工程续建加固，进一步提高下游地区河道行洪能力。

2. 推动集约型经济发展

培育壮大新动能，全面发展生态环保经济，优化产业结构，以高新技术产业、数据信息产业、金融业、服务业为重点，建立兼顾经济效益和生态效益的现代产业体系，促进工业转型升级，科学利用黄河滩区、库区、湖区资源，加快推动特色农产品基地建设。

3. 加强水资源节约集约利用

在滩区深入开展节水农业、循环农业、有机农业、现代林业和生物肥料等技术研发，大力推进农业节水，推进高效节水灌溉工程建设，积极发展应用节水综合技术。加强生态流量管理，强化流域重大控制性水利水电工程水量统一调度，实行最严格的水资源管理制度。

4. 提升生态安全水平

提升地区生态环境建设水平，加大污染治理投资，控制高污染行业发展，完善居民区生态建设总量。做好保护工作，重点推进黄河滩区治理，开展河口地区湿地系统修复，促进河流生态系统健康，提高生物多样性。

东营黄河湿地永安稻田

经典案例

一、甘肃省：担当上游责任

甘肃省位于黄河流域上游，具有涵养水源、防风固沙和生物多样性保护等重要生态功能，多年平均自产地表水资源量超过黄河流域总水量的1/5，尤其是甘南高原素有“黄河蓄水池”和“中华水塔”的美称。甘肃省从功能定位出发，多措并举维护社会稳定和经济繁荣，构建“五网一群一体系”，助推黄河流域甘肃段生态保护和高质量发展。

1. 构建跨区域大水网，提高水安全保障能力

水网建设立足水源少、调蓄缺、环境差、保障低的水情实际，按照“拓大网、联小网、强骨干、成系统”的全域水网建设思路，坚持补短板、强弱项工作方向和抓项目、扩内需工作重点，从水源保障、区域互联、应急有备、环境宜居、智能感知等方面，着力构建“骨干+区域+城市+农村+智慧”五大水网体系，努力实现水资源安全、供水安全、水生态安全三大目标，是未来一个时期甘肃省经济社会发展水安全保障的最重要支撑。

2. 构建现代新型大电网，全面提升能源利用水平

甘肃省的新能源和可再生能源资源丰富，电网基础设施不断完善，形成了以兰州、白银两市为核心，东西延伸、南北拓展的750千伏、330千伏网架结构，750千伏变电站布点基本覆盖主要能源基地和负荷中心，市（州）实现了330千伏变电站布点全覆盖，与陕西、青海、宁夏、新疆等省区共同形成了国内第一条以输送新能源为主的特高压直流跨区输电通道。

3. 构建互联互通大路网，加快补齐基础设施短板弱项

坚持交通“先行官”发展取向和“补短板”现实需求，启动实施“两纵两横一枢纽”区域交通项目，在甘肃中东南部构建中心辐射、东进西出、南拓北展、外通内畅、快速高效、安全便捷的区域综合立体交通运输网，为谱写加快建设幸福美好新甘肃、不断开创富民兴陇新局面的时代篇章提供坚实的交通支撑。

4. 构建数字时代信息网，夯实信息制高点发展基础

抢抓“一带一路”最大历史机遇和新一轮科技革命和产业变革战略机遇，坚持新发展理念，按照高质量发展要求，围绕中国制造2025、网络强国、大数据等国家战略，进一步完善信息网络基础设施，在甘肃形成“一带一路”数字经济高地，助力甘肃建成网络强省、数字经济大省。

5. 构建绿色生态产业网，筑牢经济高质量发展根基

重点发展节能环保、清洁能源、军民融合、清洁生产、数据信息、先进制造、循环农业、中医中药、文化旅游、通道物流等十大生态产业，在继续抓好兰州国家生物产业、金昌有色金属新材料、定西市中医药产业等现有产业集聚区的基础上，围绕构建绿色生态产业体系确定的十大重点领域，打造以兰白经济区为核心的中部绿色生态产业示范区，以酒嘉、金武、张掖等地为重点的河西走廊和覆盖平庆、天水、陇南等地的陇东南绿色生态产业经济带。

6. 构建高质量城市群，增强辐射带动功能

构建以兰西城市群为引领、榆中生态创新城建设为增长极的高质量城市群，推进兰西城市群、关中一天水经济开发区、兰白都市圈、兰州新区等建设，培育发展带动作用强的现代中小城镇，完善城市体系和综合功能，打开以各区域节点城市为内核的城镇网络格局，带动黄河流域甘肃段高质量发展的动力系统，形成特色鲜明的高质量发展区域布局。

7. 构建财政扶持政策体系，助推黄河流域甘肃段跨越式发展

加大黄河全流域横向生态补偿机制推进力度，用于黄河流域山水林田湖草、水污染治理、水土保持、水源涵养、国土绿化、防沙治沙等生态保护修复，促进黄河流域生态环境恢复和生态系统功能提升；设立黄河流域生态保护和高质量发展基金，以股权投资方式重点支持黄河流域环境保护、污染防治、生态修复、水资源保护、国土空间绿化、能源节约利用、交通基础设施建设、清洁能源等重大生态环境保护项目、产业项目和投资成长性好、收益性高的企业；加大对黄河流域专项资金的支持力度，减轻地方自筹压力，增强内生发展动力。

甘肃刘家峡黄河石林

二、河南省：建设核心示范区

黄河流域生态保护和高质量发展上升为重大国家战略，为河南省高质量发展提供了重大历史机遇，以郑州、开封、新乡、焦作四地主城区为核心，围绕黄河两岸系统谋划，打破区域行政限制，建设黄河流域生态保护和高质量发展核心示范区，具有得天独厚的优势。核心示范区建设有利于形成黄河流域跨区域协同治理的新机制，打造具有国际影响力的黄河文化旅游目的地，探寻黄河流域生态保护和高质量发展的突破口，探索黄河流域和中部地区高质量发展的新路径以及现代化都市圈协调发展的新模式。

1. 以持续创新为引领谋划核心示范区高质量发展

创新是黄河流域生态保护和高质量发展的必然选择，黄河流域因为生态保护的特殊因素，尤其是一些禁止开发区、限制开发区的划定，一定程度上限制了沿黄地市的大开发，个别县区由于滩区面积大，又整体处于滞洪区，影响更甚。该区域为了实现后发赶超，积极把握世界前沿科技发展态势，围绕创新生态体系建设、智能制造产业集群建设和供给侧结构性改革进行布局，以此来构建服务控制中枢，集聚创新人才，大力支持新业态、新技术、新模式，促进新格局下的跨越式发展。

2. 以强化生态保护为目标推动核心示范区绿色发展

核心示范区坚决树立和践行“绿水青山就是金山银山”的发展理念，以生态空间格局优化、生态保护红线管控、五大生态系统建设和生态环境综合治理为抓手，统筹推进核心示范区“大保护、大治理”，形成“清水东流、绿为底色、山水相依、人水和谐”的生态新格局。同时，协同推进森林、湿地、流域、农田、城市五大生态系统建设，以沿黄区域农田生态修复为抓手，强化农业生态保障功能，推进农田生态系统建设。此外，以海绵城市和城市绿地为抓手，构建涵盖森林、绿地、水系、河湖、耕地的城市生态网络，提升黄河流域生态保护和高质量发展核心示范区的绿色发展能力。

3. 以黄河文化为依托推进核心示范区特色发展

把黄河符号深度融入核心示范区建设，通过塑造自身的特色和优势实现特色发展。一是打造特色农产品，叫响河南品牌；二是大力发展黄河文化特色旅游；三是打造黄河文化新地

小浪底水利枢纽调水调沙后景区内多姿多彩

标。示范区积极争取国家支持，郑州大都市区建设黄河流域生态保护和高质量发展核心示范区起步区、粮食安全核心区和黄河历史文化主地标，同时争取黄河国家文化公园等国家重点项目，增强沿黄地区的特色发展基础和竞争力。

4. 以全流域协同治理为理念确保黄河安澜

坚持问题导向，精准思维，统筹协调区域内四水同治、水沙调控、防洪减淤、滩区治理等工程，切实保障生态安全、防洪安全、粮食安全、供水安全，确保黄河流域生态保护和高质量发展核心示范区长治久安。一是协同推进示范区四水同治；二是实施沿黄区域水沙调控工程；三是实施河道滩区综合治理工程，加密建设生态河道网，推进区域内“堤(岸)、疏、蓄、滞”综合治理工程布局，提高防洪标准。

5. 以节约集约为原则统筹推进核心示范区水资源利用

把水资源作为最大的刚性约束，实行最严格的水资源管理制度，统筹做好核心示范区生态保护、资源开发、产业发展、城乡协调的关系，着力构建水资源节约利用体系，推进节水型社会建设，形成黄河流域生态保护和高质量发展核心示范区水资源节约集约利用的新局面，为区域高质量发展提供保障。一是用水方式由粗放向集约转变；二是构建核心示范区水资源节约利用体系；三是全面推进核心示范区节水型社会建设，构建全域的水资源集约利用体系。

6. 以融合协同为宗旨提升核心示范区发展质量

以深化供给侧结构性改革和融合协同为宗旨，统筹推进核心示范区产业结构优化、产城深度融合、区域一体发展、城乡协调发展。一是注重产业融合，依托郑开创新创业走廊、郑新创新产业走廊、郑焦产业融合发展走廊、荥阳—巩义创新产业走廊等建设，集中布局高端制造业、战略性新兴产业，推动云计算、大数据等新业态与制造业融合赋能，推动核心示范区先进制造业高质量发展；二是构建核心示范区一体化的资源要素市场，以打破地域分割和行业垄断、清除市场壁垒为目标，以优化营商环境为契机，推进人力资源市场一体化、技术市场一体化、金融服务一体化，多策并举激发市场主体的活力和动力，为核心示范区高质量发展助力赋能。

7. 以完善基础设施为保障促进核心示范区南北两岸联动发展

结合生态空间发展格局，实现“山城水林田草滩”的综合利用，协同两岸建立统一的生态治理规范，统筹提升两岸控导工程，让黄河在核心示范区更符合生态、环保和发展需求。要两岸联手，统筹协助实施赵口、马渡地下河工程，逐步消除黄河地上悬河的风险。两岸要尽快实现生态信息协同监管和治理策略共享与互通，打破行政区域界线，加快郑北扩城融城步伐，早日实现两岸共治，确保两岸联动高质量发展。

8. 以绩效考核为手段完善核心示范区资源要素保障机制

一是科学设置考核评价体系；二是建立利益协调机制；三是抓好动态督查评估；四是创新金融资本保障机制，探索实行差别化财税政策和投融资优惠政策，增强核心示范区内企业项目投资热情。

黄河济南城区段

三、山东省：发挥龙头作用

山东省是黄河流域高质量发展的重要承载区域，也是生态保护和高质量发展有机相融的关键示范区。近年来，山东省立足自身，以服务国家发展、助力沿黄省区为重任，从生态保护、经济增长与人民共享等方面入手，充分发挥高质量发展的龙头作用，推进黄河流域高质量发展这一重大国家战略落实落地，对于黄河流域生态保护和高质量发展具有不可替代性。

1. 坚持生态优先、绿色发展，筑牢高质量发展根基

将生态保护作为优先部署是落实沿黄流域高质量发展的特殊考量，立足于整个黄河流域生态与经济发展双赢的站位，统筹协调各方发展利益和价值全局。一是结合禀赋差异和开发程度，区分不同区域的高质量发展模式和战略定位，分域施策，因区制宜；二是以水资源为刚性约束，统筹调配、数字治理，加快数字节水技术开发运用，提升水资源利用效率，推进黄河水源的节约集约利用，切实筑牢流域高质量发展的水源根基。

2. 坚持产业升级、创新驱动，培育高质量发展动能

落实沿黄流域的高质量发展，亟须推进产业转型升级，立足于省内粮食主产区和重要能源基地，以创新驱动战略为导向，借助新技术、新能源，提升流域生产综合效益。一是加快农业供给侧结构性改革，建立高效优势农业示范区；二是以推进资源型城市转型、淘汰落后过剩产能、改造高能耗产业为重点，建立产业优化的绿色协调发展机制。同时，各地市塑强科创能力，提升科创资金投入，加大科创人才的吸纳培育，以工业、农业创新园区为示范基地，努力打造链式支撑、互补衔接的产业发展新模式。

3. 坚持中心引领、协同一体，增强高质量发展实力

贯彻好黄河流域高质量发展重大国家战略，必须发挥山东向海向陆的独特优势和资源特色，强化中心城市辐射带动，塑强流域经济增长极，落实流域空间系统发展。一是济南市以“强省会”目标为支撑，主动服务国家战略，施展好创新资源规模优势，以多元辐射渠道打通省会经济圈与胶东经济圈、鲁南经济圈协同发展通道，架构起“一字形”东西贯通黄河廊道，统筹沿河、沿海及内陆区域协调发展，推动中心城市能级的大幅提升；二是以制度规范、政策引领推进协同发展，借助“一带一路”建设、新旧动能转换、中国（山东）自由贸易试验区等战略叠加优势，加强流域地市的深度合作。同时，增进与京津冀、长江三角洲地区的分工合作，助力山东省成为沿海沿河重要经济带，提升黄河流域高质量发展的整体实力。

第二章

黄河流域水资源现状与节约集约高效利用

资源约束趋紧、环境污染加剧、生态系统退化，凸显了黄河流域经济社会发展需求与人口资源环境间矛盾的尖锐。水环境、水资源、水生态问题已经成为制约黄河流域经济社会可持续发展的瓶颈。“量水而行、节水优先”成为黄河流域实现高质量发展的现实途径，应把水资源作为最大的刚性约束，坚持以水定城、以水定地、以水定人、以水定产的“四水四定”原则，合理规划人口、城市和产业发展，统筹优化生产、生活、生态用水结构，深化用水制度改革，用市场手段倒逼水资源节约集约利用，推动用水方式由粗放低效向节约集约转变。

黄河流域水环境、水资源利用和水生态现状

一、黄河流域水环境概况

（一）水资源短缺

黄河流域高质量发展最大的矛盾就是水资源短缺。2012—2019年，黄河流域平均水资源量为697.15亿立方米（中国水资源公报），约占全国水资源总量的2%，却承担着占全国12%的人口、13%的耕地面积、27%的GDP及50多座大中城市、420个县（旗）城镇的供水任务，同时还要向流域外部分地区远距离供水。2012—2019年，黄河流域平均水资源开发利用率约为57%，超过国际公认的水资源利用40%的警示线，人均水资源占有量仅为全国平均水平的27%。流域内拥有我国一半的煤炭基地和七成的煤电基地，是我国重要的人口、工农业集中地。上中下游不断扩大的供水范围与持续增长的供水要求，使黄河承担的供水任务已超过其承载能力（图2-1）。

1999年黄河水利委员会成立以前，各大水利骨干工程分属不同的部门管理，没有建立起全流域水资源统一管理的机制与体制，无法对全流域各段的引水量实行有效监督和控制，缺乏统一管理和科学调度，使整个流域的用水不能上下游兼顾，时间和流域空间上的供需矛盾加剧导致黄河下游断流。

自20世纪50年代以来，随着流域社会经济的飞速发展，黄河流域各段的引用水量也迅速上升。黄河流域总耗水量和上游耗水量均呈现逐渐上升的趋势，

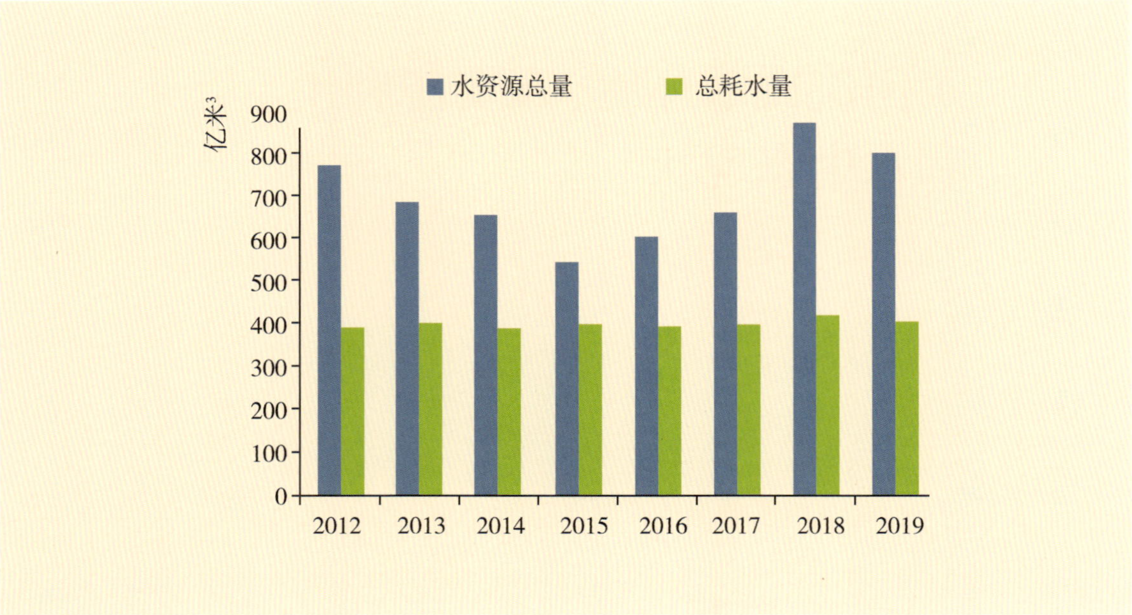

图 2-1　2012—2019 年黄河流域水资源总量和总耗水量变化情况

黄河滩龟裂土层

而中下游均在20世纪80年代达到用水量高峰，20世纪90年代略有下降。20世纪90年代全流域引黄耗水量是50年代的2.45倍，下游耗水量与中上游相比增加较快，90年代是50年代的5.7倍，引水量已远远超过了黄河的负载能力。黄河流域引水量大增的同时，地下水也过量开采，使得黄河径流的一部分不得不用于补给地下水，而中上游的水土保持工程拦截了大量的地表径流，又使汇入黄河的水量减少等，这些因素综合导致到达黄河下游的水量急剧减少。20世纪90年代，山东利津水文站的径流量仅为175亿立方米，比50年代下降了40.21%。黄河下游自1972年开始出现自然断流现象，持续到20世纪90年代末：70年代共有6年86天断流，每个断流年平均断流14天；80年代共有7年105天断流，每个断流年平均断流15天；90年代，黄河下游断流呈现加重趋势，共有9年900天断流，每个断流年平均断流100天，即在全年近1/3的时间里，下游都处于干涸状态。1997年，黄河下游利津水文站断流更是多达226天，并且出现首次断流时间提前、断流河段上延等特点，给下游沿黄地区社会经济发展带来了严重的影响。当时，黄河下游的频繁断流引起了党和国家的高度重视及全社会的广泛关注，要求实现黄河水资源统一管理的呼声也越来越高（图2-2）。

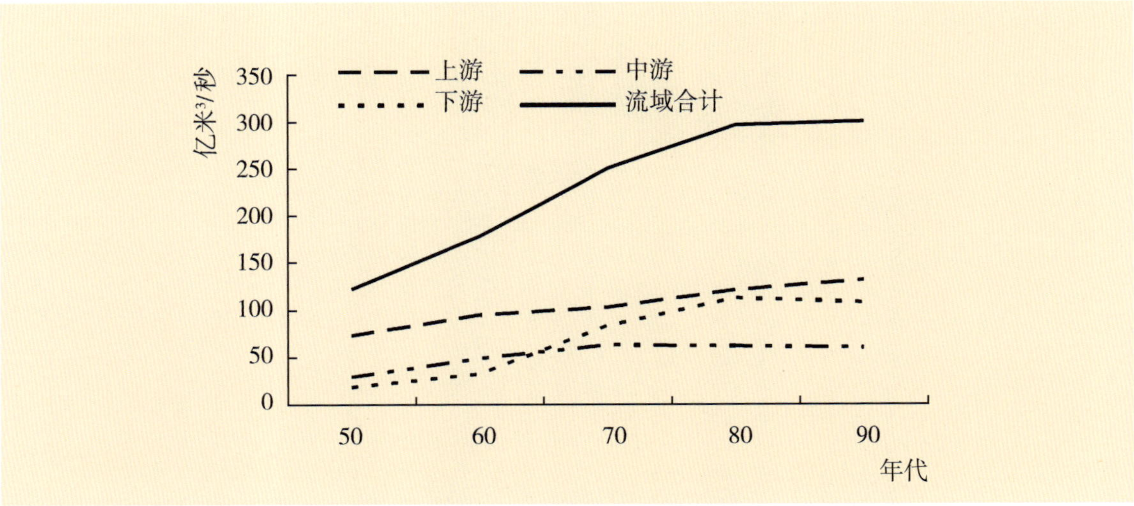

图2-2　黄河流域20世纪50年代至90年代引黄耗水量

实行黄河水量统一调度以来，虽然改变了断流局面，但黄河天然径流量衰减严重，水资源供需矛盾依然存在。在气候变化与人类活动影响下，未来黄河河川径流量仍可能出现持续性减少。未来30～50年，黄土高原水土保持工程的建设、地下水的开发利用、能源开发、雨

黄河入晋第一湾——老牛湾

黄河下游河道最窄的地方——艾山卡口

水利用等将进一步改变流域下垫面条件，导致产汇流关系向产流不利的方向变化，即使在降水量不变的情况下，黄河天然径流量也仍将进一步减少，黄河缺水引起的流域水安全问题已然成为制约高质量发展的重要瓶颈（彭少明 等，2021）。不断扩大的供水范围和持续增长的供水要求使水少沙多的黄河实难承受，引发的供需矛盾日趋尖锐。随着西部大开发战略的实施及流域各省区国民经济的发展，对水资源的需求量将会不断增加，黄河水资源供需形势会愈加严峻。黄河流域是中国水资源最为紧缺、供需矛盾最为突出的地区，缺水已成为黄河面临的最大挑战，水资源保障形势十分严峻（刘昌明 等，2020）。

（二）水资源分布不均

黄河流域是典型的季风气候区，降水季节性强，连续最大4个月降水量大部分地区出现在6～9月，占年降水量的70%～80%，而且多以暴雨的形式出现。黄河流域内河川径流量主要由降水形成，在降水季节性变化极大的情况下，径流年内分配十分集中，主要集中在汛期（7～10月），占年径流量的60%以上，个别支流可达到85%，而黄河流域大部分地区的灌溉用水主要集中在春季，导致用水高峰期与黄河枯水季重叠，时间上的不统一，使得非汛期水资源供需矛盾更加突出（畅建霞 等，2005）。黄河流域的年降水量和年径流量深受海陆分布、水汽来源、地形地貌等因素的影响，在空间上分布极不均匀，主要表现为东南多雨、西北干旱，平原降水多于高原，山地降水多于盆地，总体趋势是自东南向西北逐步减少。多年平均降水量400毫米的等值线自河口镇经榆林、靖边、环县以南至定西、兰州，绕祁连山，过循化、贵南，沿积石山麓，至多曲一带出黄河流域，将整个流域分为干旱、湿润两部分，总趋势为从东南沿海向西北内陆递减。

1958—2015年黄河流域夏季降水量最大的区域包括黄河上游四川段、甘肃南部、青海东南部局部、泾渭洛河区间东南部、三门峡至花园口区间，以及郑州以东区间，量值达300毫米以上，局部达400～500毫米；其次是山陕区间、泾渭洛河西段和兰州附近等区域，量值在200～300毫米；黄河流域夏季降水量最小的区域包括兰州至鄂托克旗区间和上游青海部分地区，降水量只有100～200毫米，局部50～100毫米。

黄河流域夏季降水量可分为3个不同气候变化时段。在1958—1975年间，降水偏多的区域分布在上游西段、河套东北部、河套西南部以及下游地区；降水偏少的区域分布在上游东段、河套西北部、河套东南部以及下游西段，偏少1%～10%（减少0～20毫米）。然而，到了1976—1995年间，整个河套地区降水明显增多，尤其河套北部偏多5%～20%（增加10～30毫米），上游西段和下游东段有所减少，偏少1%～10%（减少0～40毫米）。在1996—2015年间，黄河流域夏季降水量全流域性偏少，尤其河套北部和下游降水偏少最多，达1%～20%（减少10～40毫米），河套南部部分地区（三花区间的东部）和上游青海段降水量偏多5%左右（增加10～20毫米）。几十年来，黄河流

大雪后的宁夏青铜峡黄河大峡谷

域夏季降水量一个突出的变化特征便是在河套地区变化起伏多，1958—1975年间河套部分地区偏多或偏少5%左右，到1976—1995年间河套地区整体偏多，尤其是河套北部偏多5%～20%，再到1996—2015年间河套呈现大部地区偏少5%～20%。3个时段期间，上下游地区降水也经历了一定变化，下游地区降水量经历了由早前大部偏多（1%～15%）到大部偏少（1%～10%），再到最近一个时期大部偏少加重（1%～15%）的过程；上游东、西段地区降水量则经历了几乎是反向的10%以内的起伏变化。

山西包子塔湾

（三）水污染问题严重

改革开放以来，随着经济的快速发展与人口的大规模聚集，黄河流域出现了一系列生态环境问题，其中，水污染风险尤为突出，大量高环境风险企业沿河而建，中上游地区以煤化工行业为主，下游地区以石油化工行业为主，涉水环境风险物质使用、存储和转运量大，同时取水量和排水量大，易因生产安全事故或非法排污等引发突发水污染事件，结构性布局性风险较高且局部污染突出。黄河以占全国2%的水资源，承纳了全国约6%的废污水和7%的化学需氧量（COD）排放量。黄河中上游分布有多个重要能源、重化工基地，煤炭采选、有色金属冶炼及压延加工、化学品制造、炼焦、氮肥制造等工业企业沿河集中分布，废水排放量逐年增多，而污染治理相对滞后，部分企业存在非法排污、超标排污现象。随着流域城镇化步伐加快、西部大开发战略推进，经济社会发展与环境保护的矛盾将进一步突出，流域水污染防治和风险防范任务十分艰巨（高欣 等，2021）。

从全流域各地市高风险区分布来看，高风险区主要集中分布在兰州市西部、中卫市北部、乌海市中部、巴彦淖尔市南部、包头市南部、鄂尔多斯市东北部、宝鸡市中部、焦作市西南部、洛阳市西南部、济南市西部和东营市西部等11个区域；从沿黄河干流两岸分布来看，高风险区主要分布在黄河干流兰州段、白银段、中卫段、乌海段、巴彦淖尔段、鄂尔多斯段、郑州段、德州段和东营段等9个河段。

从各地市水污染物排放当量来看，银川市、包头市、呼和浩特市、晋城市、运城市、宝鸡市、洛阳市、郑州市、泰安市和滨州市等地部分区域风险高，主要是由于水污染排放量大所致。从各类风险源常规污染物统计来看，农业源为流域排放最大的风险源，占比 86.6%；其次为生活源，占比9.4%；工业源最少，占比3.9%。工业源排放较大的区域主要分布在兰州市、定西市、吴忠市、银川市、呼和浩特市、榆林市、吕梁市、长治市、济宁市、德州市和滨州市等地；生活源排放较大的区域主要分布在银川市、西安市、郑州市和济南市等地；农业源排放较大的区域主要分布在临夏回族自治州、中卫市、吴忠市、呼和浩特市、吕梁市、晋中市、临汾市、晋城市、运城市、洛阳市、新乡市、濮阳市和德州市等地。乌海市、银川市、东营市、滨州市、郑州市和晋城市的平均风险与农业总产值比值较大，表明这些区域在产生相同的农业总产值的情况下，具有较高的累积性水污染风险，这可能是由于这些区

内蒙古自治区乌海湖

域畜禽养殖业、种植业结构和方式相对粗放、废水污染物排放强度较大以及迁移扩散条件不利等原因导致。

人为污染与环境背景叠加，地下水型饮用水水源地水质底数不清、风险不明、安全保障难度大。除生活及工农业生产造成的地下水污染外，黄河流域地下水环境背景问题也较为突出，地下水中的一些物质如砷、氟、碘、盐分等存在超标问题，对县级及以下小规模水源地、农村分散式水源水质安全威胁大。饮水型地方病广泛存在，包括高氟引起的氟中毒（氟骨病、氟斑牙），低（高）碘引起的地方性甲状腺肿，低硒引起的克山病和大骨节病，高砷引起的地方性砷病等。黄土高原、鄂尔多斯沙盖、山西省运城市北部、山东省黄河下游等地区存在高氟现象，地下水中氟含量较高，导致易出现地方性氟中毒；黄土高原、吕梁山西坡、青海高原等地区地下水中碘缺乏，导致当地易发生地方性甲状腺肿；山东省黄河下游地

区土壤地下水中含有丰富的碘，导致当地高碘甲状腺肿的流行；内蒙古河套平原、宁夏银川平原、山西大同盆地等地的水文地质条件有利于砷富集，导致地下水中砷含量较高。除地级及以上饮用水水源开展定期监测外，县级尤其是乡镇及农村地区大多缺乏监测，水质底数不清，给地下水型饮用水水源安全造成了严重威胁。

黄河流域农业源污染面广、量大、程度深，是地表河湖水环境污染的主因，也是地下水污染的重要原因。长期的引黄灌溉和施肥导致以硝酸盐为主要污染物的农业源污染，化肥的过量施用及低效率利用造成地下水中硝酸根离子含量增加。灌溉产生的地下农田退水对地下水环境造成显著威胁。一方面，地下农田退水可通过水力联系汇入退水沟渠，污染地表水体，造成污染空间范围进一步扩大；另一方面，地下农田退水携带的污染物将加重浅层地下水污染，进而危及深层地下水水质。

陕西延川黄河乾坤湾

煤矿、石油等资源大规模开发及重工业集中分布影响地下水资源循环条件及水环境安全。黄河流域煤炭资源主要分布在中上游地区，煤炭产量占全国的80%左右，我国14个大型煤炭基地中9个地处黄河流域，石油资源主要分布在中下游地区。黄河流域上游几乎涵盖所有西部煤炭资源区，中游经过我国最大的产煤区山西、陕西等地，下游流经胜利油田、中原油田等地。缺少水资源与纳污水体，影响地下水补给条件是黄河流域能源基地的通病。以山西省煤炭基地为例，水资源供需矛盾，水环境、水生态问题日益突出。一方面，煤炭基地多位于半干旱地区，年降水量在400～600毫米，水资源总量及人均水资源量较少，黄河需承担该区域生活、生产、农业与生态等多种供水需求；另一方面，大型煤炭基地的产业链，如煤炭开采、火力发电及煤化工行业均属于高耗水产业，一个产出百万吨的煤化工项目，每年一般需消耗水量上千万吨，同时还排放大量废水。煤炭基地的大规模开发生产不仅改变了下垫面结构，使降雨径流转化关系随之改变，还改变了地下水的补给规律，对水资源的赋存和循环条件产生了严重影响。地下水水位下降，地表河流水量减少，泉水流量下降直至干涸，沼泽地消失，导致鱼类及其他生物失去了生存条件，水生态问题严峻。黄河流域的资源条件决定了工业发展的重点是能源、化工、冶炼、造纸等传统工业。多年来传统工业的迅猛发展、工业废水的未达标排放、城市污水处理率低，加之因河川径流的过量开发，造成河道内水体自净用水不足，导致黄河流域水污染形势十分严峻，进而增加了地下水污染负荷。重工业源土壤污染的下渗迁移也是地下水污染的重要风险源。总体来看，工业源周边地下水污染风险高且底数不清。

晋豫交界的黄河

2019年，黄河流域劣Ⅴ类水体的比例为8.8%，共有9个劣Ⅴ类河流断面，主要分布在汾河及其支流、三川河、屈产河等。其中，汾河流域在2006—2019年持续遭受重度污染，如汾河干流温南社断面在2012—2019年的水质持续为劣Ⅴ类，涑水河张留庄断面水质污染严重。水环境污染，一方面对流域生态系统造成严重危害，特别是导致河湖生物多样

性显著降低；另一方面，水环境污染加剧了流域水资源短缺问题，致使部分地区水质型缺水问题突出。黄河水质污染状况已从支流发展到干流，干流水污染也从上游兰州段、包头段发展到中下游河段。水量少、废污水排放量大，导致污径比增高，水污染严重，由此造成水生态系统的破坏，导致水质恶化、水体功能降低或丧失。

2021年，黄河水质得到显著改善，黄河干流全线达到了III类水质，其中90%以上断面达到II类以上水质，少数III类水质的断面集中在黄河流域目前污染最重的中游部分地区。应分区施策开展流域水环境综合整治，强化环境污染系统治理，重点开展湟水河、窟野河、石川河、北洛河、泾河等区域的城镇污水处理设施提标改造及管网建设；集中开展鄂尔多斯市、榆林市等工业集聚区水污染治理，落实企业治污责任，确保稳定达标排放；重点开展汾渭平原和河套灌区主产区等农业面源污染控制，采取生态拦截沟、测土配方施肥等措施，推行生态灌区建设，综合治理面源污染；实施煤化工、焦化、农药、农副食品加工、原料药制造等重点行业工业废水提升整治工程，持续推进工业企业废水深度处理与循环利用，逐步提高废水综合利用率，减少工业废水排放。

二、黄河流域水资源利用现状

1. 水资源开发利用率不均

自1950年以来，在黄河流域内修建了大量的蓄水和引、提水工程，其中大、中、小型水库3100余座，总库容580亿立方米；引水工程4500多处，提水工程2.9万多处，此外还兴建了引黄济青、济津、济冀等跨流域调水工程。黄河供水范围扩大到沿黄河九省（区）和津、冀地区，担负着占全国13%的耕地和沿黄50座大中城市、420个县城镇人口、晋陕地区部分能源基地以及中原、胜利油田的供水任务。各地区水资源开发利用率不均衡，2019年，耗水量最多的省份是山东省，其次为内蒙古自治区，耗水量最少的省份是四川省。

2. 工农业用水浪费严重，水利用率低

黄河流域的水资源十分紧缺，这是不争的事实，如何才能使有限的水资源发挥最大的效益，这是摆在我们面前的一项重要课题。少数农业取水口水利用率低、水浪费现象仍然比较严重，多少年灌溉制度没有丝毫改进，取用水计划不合理，大水漫灌，多取少用，不计成本，不讲效益。下游引黄灌区工程设施不配套，老化失修，再加灌溉方式不科学，造成水资源的大量浪费。个别工业及城镇用水单位，节约用水的措施不具体，在提高水的重复利用上投入不够，管理也缺乏有效手段。一方面黄河水资源短缺，另一方面工农业用水严重浪费，而且水污染比较严重。沿黄大中城市工业用水的重复利用系数仅为0.5～0.6，城乡用水重复利用系数只有0.2～0.3。

3. 水资源利用结构不合理

黄河自1999年实施水量统一调度，根据“八七”分水方案（王煜 等，2019），2001—2016年甘肃、宁夏、内蒙古和山东四个省区地表水耗水量分别超出黄河分水指标3.89亿立方米、3.82亿立方米、9.04亿立方米、14.68亿立方米，合计超出分水指标31.43亿立方米。四川省、陕西省和山西省耗水较为均衡，说明这3个省用水结构的合理性在黄河流域处于较高水平；青海省和河南省用水结构在黄河流域处于中等水平；宁夏回族自治区、甘肃省、内蒙古自治区和山东省用水结构的合理性在黄河流域处于较低水平。

黄河流域1980—2016年城镇生活、工业、农业数据表明产业用水结构存在不平衡、不协

调问题，农业已成为超级用水大户，水资源消耗量超过工业、生活和生态用水的总和，生态用水占比极低，已被生产、生活用水严重挤占。

流域农业用水量呈先增后减的态势，占总用水量的比重下降了17.1%。分析可知，2000年以前农业用水量增加与灌溉面积持续增大有关，2000—2016年农业用水量减少了36.8亿立方米，但流域灌溉面积仍呈增大趋势，说明随着节水措施的实施，流域节水取得了较好的效果，农业节水量满足了新增灌溉面积的用水需求。随着城市环境改善和生态文明建设的推进，黄河流域2005—2016年生态用水量呈现增加趋势，占总用水量比重从0.8%提高到了3.5%。其中，河道外人工生态环境用水量增加较快，12年增加了11.3亿立方米，年均增长率为14.4%。

随着黄河流域生态保护和高质量发展重大国家战略的实施，未来黄河流域生态环境用水量将持续增加，可能会加剧黄河流域水资源供需矛盾。从用水结构演变来看，2005—2016年黄河流域农业用水量占比呈明显下降趋势，工业用水量占比呈波浪式微增加趋势，生活用水量占比则呈现稳步增加趋势。由此推断，黄河流域水资源利用结构在朝着有利于经济社会发展的方向演变。

三门峡黄河湿地过冬天鹅

三、黄河流域水生态现状

（一）黄河流域水沙关系不协调

中共中央党校（国家行政学院）、社会科学文献出版社共同发布的《黄河流域发展蓝皮书：黄河流域高质量发展及大治理研究报告（2021）》指出，水沙关系是确保黄河长治久安的“牛鼻子”。黄河流域水少沙多、水沙关系不协调，是黄河流域复杂难治的症结所在。20世纪50年代，我国开始在黄土高原持续开展种植林草、封禁治理、修建淤地坝等水土保持和水土流失治理措施，大幅度减少了黄河泥沙。但目前黄河泥沙和下游“二级悬河”问题依然严峻，严重影响滩区群众安全。随着经济社会发展水平的提高，黄河流域用水量将进一步增加，黄河水沙关系不协调的矛盾也将更加突出，加强黄河水沙治理迫在眉睫。

黄河是世界上输沙量最大、含沙量最高的河流，90%的泥沙来自中游河口镇至三门峡区间。由于水沙动态变化、河道边界约束条件动态调整、区域经济社会发展需求动态增长，实现水沙调控、经济发展和生态保护等多重目标，已成为治黄实践的重大技术难题。黄河水沙来源地不同，上游兰州以上占流域面积的28%，输沙量仅占6%，是清水的主要来源区。黄河中游占全河面积的46%，输沙量占了90%以上，其中河口镇至龙门区间，流域面积只占全河面积的15%，但输沙量却占全河的56%，是黄河的主要来沙区。

基于1963—2017年对三门峡站水沙不协调度进行

黄河洛河汇流

分析，可以看出黄河在过去的50多年间，达到水沙协调的年份仅有5年（1963年、1975年、1981年、1985年和1989年）。水沙不协调度的突变点在2005年，2005年以前以水少沙多状态为主，不协调度在20世纪80年代中期较低，但是随后仍呈现出显著的水少沙多状态；2005年以后不协调度主要为负值，呈现出水多沙少的状态。年内沙量主要集中在6～9月，呈现出水少沙多状态，7月份的水沙不协调度最高，1～5月和10～12月的水沙不协调度为负值，以水多沙少状态为主。汛期的水沙不协调是影响全年水沙不协调的主要原因（图2-3）。

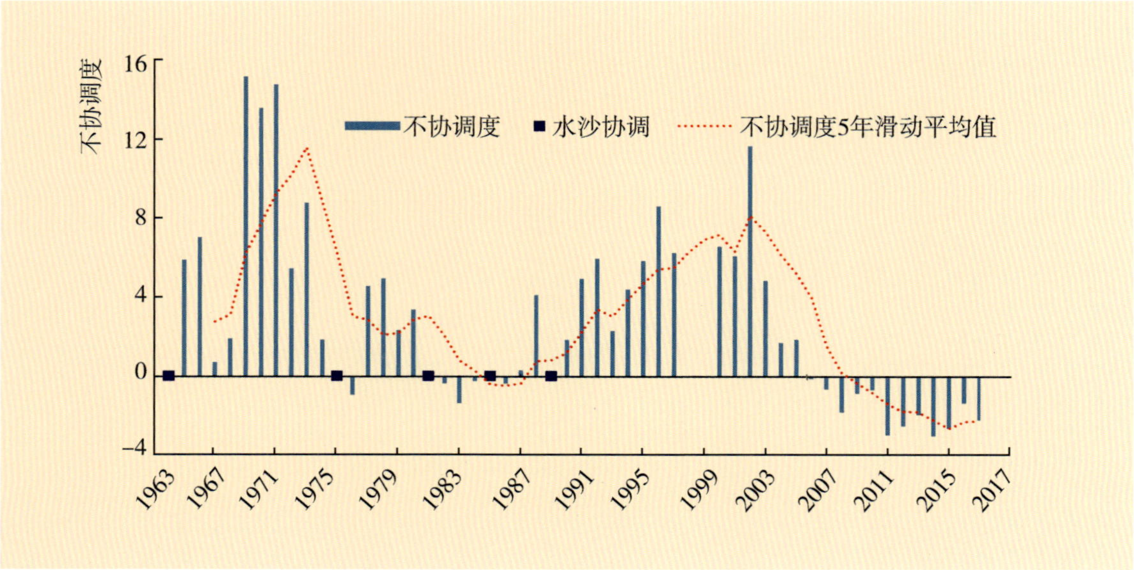

图2-3　1963—2017年三门峡站水沙不协调度

从百年尺度来看，黄河天然年径流量呈现出明显的丰枯交替变化规律，而实测年输沙量呈显著的趋势性减少。①1960—1989年与1919—1959年相比，黄河进入多水少沙阶段。黄河上游、中游代表断面年均天然径流量分别增加了13.1%、11.2%，年均实测输沙量却分别减少了7.4%、26.7%。该阶段黄河来沙减少，主要受益于中华人民共和国成立后大规模的黄土高原水土流失治理，进入黄河的泥沙显著减少。②1990—2004年与1960—1989年相比，黄河进入少水少沙阶段。黄河上游、中游代表断面年均天然径流量分别减少了24.5%、29%，年均实测输沙量却分别减少了72.8%、43.6%。该阶段黄河上游头道拐断面输沙量锐减的主要原因是1986年黄河上游龙羊峡水库下闸蓄水并与刘家峡水库的联合运用，显著改变了宁蒙河段水沙流量，导致宁蒙河段淤积萎缩。黄河中游潼关断面输沙量锐减的主要原因是20世纪80年代开始的黄土高原小流域综合治理和治沟骨干工程等水土保持措施，显著减少了黄土高原土壤侵蚀和泥沙输移。③2005—2020年与1990—2004年相比，黄河又进入了多水少沙阶段。黄河中游控制断面输沙量减少了70.5%。该阶段黄河上游头道拐断面实测输沙量增加的主要原因是2005年以来黄河上游来水较为丰沛，宁蒙河段有利于塑槽输沙的水流过程增加、河段淤积减缓，上游来沙有利于向头道拐断面输送。黄河中游代表断面输沙量继续减少的主要原因是1998年之后，黄河流域大力推进退耕还林还草、淤地坝系工程和坡改梯等水土保持措施，使进入黄河的泥沙量显著减少（图2-4）。

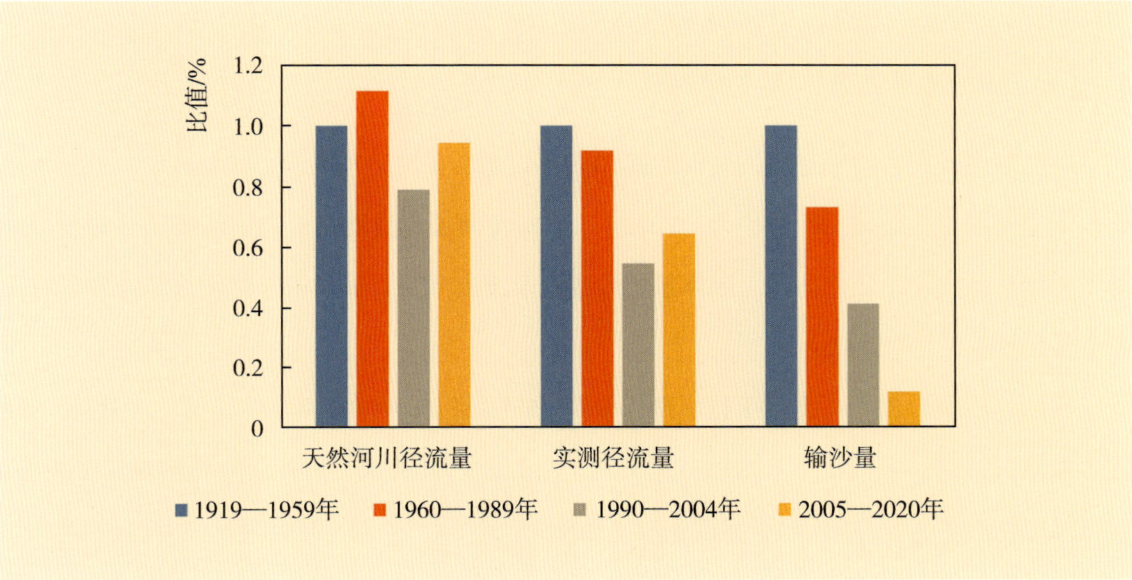

图2-4　代表断面各阶段年平均水沙量与基准值的比值

近年来受气候变化、水资源开发利用以及其他人类活动影响，黄河流域水资源总量持续减少，中上游输沙量持续降低。人类活动对输沙量减少的作用越来越大，特别是生态建设工程的减沙作用不断增强；中下游河道淤积、河道整治工程不完善等导致主河槽淤积萎缩，产生“二级悬河”问题，致使汛期防洪压力加大（谢发兵 等，2021）。另外，旱灾与水灾频繁发生，水生态安全问题突出。

黄河上中游地区生态系统敏感脆弱，荒漠化、沙漠化、水土流失等问题突出，受人类活动与气候变化影响，上游地区冰川、冻土及草原生态系统发生退化现象，导致部分地区水源涵养功能下降；中游地区水土资源保护与经济发展之间的矛盾日益突出，水土流失治理难度仍然较大，水土流失治理格局亟待调整。

黄河水沙关系不协调局面长期存在。黄河水沙具有年际变化大的特点，枯水枯沙与丰水丰沙交替出现；2000年以来潼关站年均实测沙量2.44亿吨，但是黄河产沙条件未发生根本变化，未来黄河仍然会出现大水大沙年份，随着现有工程库容淤损、拦沙作用逐步降低，年均入黄沙量可达到6亿～8亿吨；黄河水沙调控体系尚不完善，小浪底水库调水调沙后续动力不足，水沙调控整体合力难以充分发挥，下游河道仍然面临淤积抬升风险。受黄河中上游地区水沙量减少影响，下游黄河三角洲地区生态系统发生严重退化，生态流量持续减少、生态系统破碎化加剧、生物多样性降低、河湖湿地面积严重萎缩等生态环境问题日渐突出。

（二）黄河防洪仍然面临巨大挑战

黄河是中华民族的母亲河，人民治黄70多年以来，黄河治理取得了显著成就，但洪水风险依然是流域最大的威胁（宋华力，2022）。面对黄河国家战略新形势、新要求，分析黄河防洪治理总体格局，梳理防洪工程体系建设成就及突出问题，展望未来防洪战略布局具有重要意义（胡春宏 等，2022）。

目前，基本形成了“上拦下排、两岸分滞”的防洪工程格局。修建三门峡、小浪底、陆浑、故县和河口村等“上拦”水利枢纽工程，增强了拦蓄洪水、拦截泥沙和调水调沙能力；建设标准化堤防工程137千米、河道整治工程502千米等“下排”河防工程；加强东平湖和北金堤滞洪区防洪工程建设，提升了“两岸分滞能力”。

上中游防洪防凌能力显著提升。干支流开展河道治理、堤防建设等，提高了洪水防御能力；禹门口至三门峡大坝河段已建成各类护岸及控导工程80处，总长度256千米，有效控制了河势，降低了塌滩塌岸损失。

上游建设龙羊峡、刘家峡、海勃湾水库，修建堤防2313千米、河道整治工程255千米，在内蒙古河段设置6个应急分凌区，初步建成防洪防凌工程体系。龙羊峡、刘家峡的联合运用对减轻宁蒙平原河道凌汛威胁发挥了重要作用；海勃湾在一定程度上减轻了黄河宁蒙河段凌汛灾害；同时各省区加快推进湟水、无定河、汾河、渭河、伊洛河和沁河等主要支流和中小河流治理，流域洪水防御能力和山洪灾害防御能力进一步提高。初步形成“拦、调、排、放、挖”综合处理和利用泥沙体系，累计减少入黄泥沙近300亿吨，减少下游河道淤积112亿吨，有效减缓了黄河下游河道淤积抬升的趋势。

三门峡水电站

黄河龙羊峡大峡谷

黄河流域水资源节约集约高效利用与调控

黄河流域水资源短缺问题一直制约着区域经济社会发展，是人类长期面临的重大挑战。为了缓解各区域各部门之间的用水矛盾，亟须从立法方面规定以水资源最大刚性约束为管理理念的水资源节约集约利用制度，发挥制度的导向性和约束性作用。水资源最大刚性约束主要是在维持水资源总量稳定和提高水资源利用效率及效益两方面发挥作用。黄河流域作为极度缺水地区，需要从立法层面加强水资源节约集约利用制度建设，为实现黄河流域生态保护和高质量发展提供制度层面的有力保障。

一、优化水资源配置

“四水四定”分别指“以水定城、以水定地、以水定人、以水定产”，与城市、用地、人口、经济密切相关（表2-1）。众所周知，水资源是基础性的自然资源和战略性的经济资源，具有公益性、生态特征和不可替代性。水资源合理配置是指在一个特定流域或区域内，以有效、公平和可持续的原则，对有限的、不同形式的水资源，通过工程与非工程措施在各用水户之间进行的科学分配。水资源优化配置是实现水资源合理开发利用的基础，是水资源可持续利用的根本保证。

1. 发挥政府和市场双重作用，建立水资源配置新机制

充分发挥政府配置和市场配置的双重作用，切实保障水资源配置的合理性。

表2-1 “四水四定”类型表

序 号	名 称	定 义	意 义
1	以水定地	耕地	水可承载农业生产合理规模
2	以水定人	人口	水可承载人口生活合理规模
3	以水定产	工业增加值	水可承载工业发展合理规模
4	以水定城	建设用地	水可承载城镇建设合理规模

首先由国家组织进行跨省、自治区、直辖市河流的可利用水资源量分配，或称为初始水权（使用权）的确定。水资源配置的原则是公益用水领域优先原则和竞争用水领域的公平原则。

公益用水领域优先原则是指在水资源配置中要优先考虑满足人民生活、维系生态系统、保障社会稳定、保证粮食安全等公益性的基本用水需求；竞争用水领域的公平原则就是在满足公益性用水领域基本需求的基础上，要转变以往采用的需求预测加供给的水量分配模式，对竞争用水领域实行公平配置水资源，竞争用水领域的公平原则是水资源配置中的一条重要原则。

在跨省区的流域水资源配置基础上，地方政府要根据公共河流分配的水资源和自产的水资源，对水资源进行二次配置，不仅进行地区间的水量配置，还要通过建立宏观水量分配指标体系和微观用水定额指标体系，实施用水行业间的水量分配。二次配置除了遵循公益用水领域优先原则外，对于竞争用水领域还要坚持效益原则，鼓励用水行业不断提高水的利用效率。

2. 实行水资源优化配置，提高水的利用效率

在水资源统一管理中，水资源的配置对提高水的利用效率发挥着主要作用：一是保障了人们生活的基本用水权和维系河流生态可持续性的基本水量；二是平抑了对水资源的无序竞争；三是有利于落实地方和行业水资源节约和保护的责任，提高水的利用效率；四是有利于培育水权交易市场的形成，在水权的交易中实现水资源的优化配置，提高水的利用效率。

统筹考虑全流域水资源科学配置，细化完善干支流水资源分配。统筹当地水与外调水，在充分考虑节水的前提下，留足生态用水，合理分配生活、生产用水。建立健全干流和主要支流生态流量监测预警机制，明确管控要求。深化跨流域调水工程研究论证，加快开展南水北调东中线后续工程，统筹考虑跨流域调水工程建设多方面影响，加强规划方案论证和比选。加强农村标准化供水设施建设。开展地下水超采综合治理行动，加大中下游地下水超采漏斗治理力度，逐步实现重点区域地下水采补平衡。

贺兰山下河套平原稻田风光

二、全面建设节水型社会

（一）强化水资源刚性约束

2019年9月18日，习近平总书记主持召开黄河流域生态保护和高质量发展座谈会并发表重要讲话，为黄河水资源刚性约束管理提供了思想指引和行动指南。水资源节约集约利用是实现黄河流域生态保护和高质量发展的现实要求和必然选择。

1. 靠使命担当实施水资源刚性约束

黄河是中华民族的母亲河，保护黄河是事关中华民族伟大复兴和永续发展的千秋大计。黄河水安全问题突出，我们要增强忧患意识、水危机意识，以问题为导向，以刚性约束为目标，正确处理好当前水与生态、水与人口、水与社会、水与经济发展的关系；要以功在当代、利在千秋的历史担当，转变发展观念，以水而定、量水而行，以高度的政治责任感和历史使命感，做好水资源刚性约束各项工作，推动黄河流域生态高质量发展。

2. 靠底线思维实施水资源刚性约束

（1）坚守控制红线，加快用水方式转变：加强需求管理，发挥水资源管理“三条红线”的刚性约束作用，构建促进水资源节约利用和有效保护的空间格局、产业结构、种植结构、生产方式、生活方式和消费模式，使当地经济社会发展适应水资源、水生态和水环境承载能力。

（2）坚守生态底线，确保生态安全：加强黄河干支流之间、主要湖泊与河流之间的统一调度和生态流量管控，通过预警机制保障流域及相关地区供水安全和水生态安全，维护黄河健康。

3. 靠法律制度实施水资源刚性约束

（1）以《中华人民共和国水法》修订及《节约用水条例》《中华人民共和国黄河保护法》立法为契机，推进建立水资源刚性约束制度，进一步强化水资源管理制度保障。

（2）全面实施最严格的水资源管理制度考核，突出用水总量和强度控制目标，强化行政首长负责制，完善考核评价体系，强化考核结果运用与政绩考核、领导干部业绩考核挂钩，通过考核机制倒逼形成水资源开发利用的刚性约束。

（3）落实节水优先方针，加大水资源节约保护力度，实行水资源消耗总量和强度双控制，严格地下水开发利用总量和水位双控制，大力推行合同节水管理，推动建立水资源督察制度。

4. 靠精准化管理实施水资源刚性约束

（1）精确精准管理水资源。加强从水源渠首到受水户的精准调度，推进用水管理方式由粗放式向集约化转变。

（2）构建全面系统的水资源评价体系。摸清地表水、地下水和非常规水数量与质量变化情况，掌握水资源消耗、用水效率和水生态环境变化情况，分析研判水环境损害、河湖生态用水挤占、地下水超采等水生态问题，建立水资源调查评价信息系统，明确不同区域水资源开发利用上限，为科学确定水资源承载上限奠定资源调查评价基础。

（3）提高水资源科学调度水平。打破时空限制，统筹考虑、合理调度不同需水期和不同地域之间的引水指标，由被动调度向主动调度转变。

（4）合理确定用水定额刚性约束指标体系。通过严格的用水定额管控提高水资源利用效率，按照务实管用、全面覆盖的原则，研究确定黄河流域不同区域每个用水单位所需要的用水量、不同作物单位面积年最高用水量、不同行业单位产值年最高用水量、每个人的用水量等，作为约束用水户的依据。

（5）建立健全水权水市场运作机制。充分发挥市场机制作用，通过完善黄河水价形成机制和加强水权管理等，提高全流域水资源利用效率。

5. 靠信息化实施水资源刚性约束

（1）建立覆盖全流域的水资源管理与调度系统，推进水资源管理数字化、智能化、精细化。

（2）加强水资源动态监测能力建设，对行政区界断面、取退水口、地下水全覆盖，实现对水量、水位、流量、水质等全要素的实时在线监测。

（3）强化取用水计量监测，规范水资源计量技术规范和标准，明确用

河南省郑州市黄河风景区南裹头

水计量设施在工程设计、选型安装、检定校准、运行维护等全过程中的管理要求。对有两类以上不同水源、不同用途用水的，应当分别安装用水计量设施，实施分类分级计量；大中型灌区渠首和干支渠口门应当实施取水计量；工业、生活和服务业用水单位应当安装符合规定的在线计量监测设备。

（4）建立流域水资源承载能力预警机制，动态掌握并实时更新流域区域水资源总量、实际用水量等信息，通过智慧化模拟进行水资源管理与调度预演，并对用水限额、生态流量等红线指标进行预报、预警。强化刚性约束下的黄河水资源节约集约利用与管理，坚持以水定需是关键、高效利用是基本要求的用水理念（陈茂山 等，2020）。

（二）加大农业和工业节水力度

1. 发展现代灌溉农业，进一步节约农业用水

农业用水占我国总用水量的80%，但农业用水中的浪费现象也最严重。灌溉用水占农业用水量的70%，灌溉过程中半数以上用水在中途渗漏，采用漫灌和土地高低不平又浪费了30%～35%，实际能够真正用于灌溉农田的水量不过30%。因此，今后应大力发展节水灌溉技术，进一步对河套灌区和下游引黄灌区进行工程配套和防渗改造，增强渗漏防护措施；对灌溉农业区，节水灌溉技术应以改进地面灌溉为主，推广适合区域农业发展的地面灌溉节水技术（如整平土地、沟渠配套、沟灌、间歇灌、滴灌、喷灌等）。对旱地农业区，应按照水旱互补的方针，充分利用雨水集蓄节灌等现代旱地集水农业技术，充分利用夏季多雨季节集蓄雨水用于旱田灌溉，并通过各种措施，降低无效蒸发，提高土壤有机质含量，建设土壤水库，增加贮水，同时进一步搞好统一规划，合理布局和沟渠配套。此外，应根据不同作物的需水特征和当地水资源条件，调整作物布局，优化种植结构，选育优良品种，努力发展抗旱作物种植，确保在节约用水的情况下农业不减产，充分发挥农业用水应有的效益。

宁夏平原灌溉农业

2. 提高工业现代化水平，节约工业用水消耗

工业生产也是用水大户。目前我国工业万元产值用水量是发达国家的5～10倍，压缩工业用水量还有很大的潜力可挖。降低工业用水量可以从以下三方面入手：

（1）改革生产用水工艺，争取少用水。

（2）提高水资源的重复利用率。国外先进工业企业的用水重复利用率高达90%以上，而我国工业企业的用水绝大部分都在一次利用后作为废水排放。虽然我国一些缺水大城市的工业用水重复利用率较高，但地区差别很大，进一步提高重复利用率，可节约大量水资源。

（3）研发利用海水、微咸水的技术。由于淡水资源的缺乏，沿海城市可利用海水做工业冷却水和生活冲厕水，华北和西北地区可开发微咸水资源用于工业生产。

（三）加快形成节水型生活方式

推进黄河流域城镇节水降损工程建设，以降低管网漏损率为主实施老旧供水管网改造，推广普及生活节水型器具，开展政府机关、学校、医院等公共机构节水技术改造，严控高耗水服务业用水，大力推进节水型城市建设。完善农村集中供水和节水配套设施建设，有条件的地方实行计量收费，推动农村“厕所革命”，采用节水型器具。积极推动再生水、雨水、苦咸水等非常规水利用，实施区域再生水循环利用试点，在城镇逐步普及建筑中水回用技术和雨水集蓄利用设施，加快实施苦咸水水质改良和淡化利用。进一步推行水效标识、节水认证和合同节水管理。适度提高引黄供水城市水价标准，积极开展水权交易，落实水资源税费差别化征收政策。

1. 大力宣传引导，提高全民节水意识

节约用水涉及社会的方方面面，必须加强宣传教育，正面引导，发动全社会每个公民节约每一滴水。充分利用“世界水日”和“中国水周”做好宣传发动，采用各种不同的宣传形式，如制作展板、张贴宣传标语、在闹市区设立咨询站、借助新闻媒体、组成宣传队伍深入社区和农村，开展丰富多彩的节水宣传活动。

2. 提高市民节水意识，节约城市生活用水

城市生活用水是水资源消耗的一个重要方面，也是水污染的又一重要来源。据住房和城乡建设部城市水资源中心的资料表明，我国城市生活用水的 1/3 由于水资源供给和使用过程中的跑、冒、滴、漏现象而白白损失了。因此，在城市应提高节水技术，开发推广节水器具，宣传并鼓励节水，同时加强一户一表、用水计量、按方收费、超额加收管理费，真正使节水成为每个人的自觉行动，为创建节水型城市而努力。

3. 合理提高水价，促进节约用水

黄河流域水价严重偏低，导致用户对水的价格不敏感，合理提高水价有利于鼓励人们节约用水，同时也可以筹集资金，改善供水设施，减少供水环节的渗漏浪费，改善环境，保护水资源等。

4. 全面推行规划项目水资源论证工作，严格建设项目水资源论证管理

一要严格执行《水资源论证管理办法》规定，对新建、改建、扩建的工业取水项目必须规划、调研和水资源论证，严格遵守“以供定需”原则，合理确定取水规模和数量，严格控制行业和用水产品用水效率，落实建设项目节水设施与主体工程“三同时”制度；二要守住水资源开发利用控制红线，严格执行建设项目水资源论证制度。

三、科学调控水沙关系

深入研究论证黄河水沙关系长期演变趋势及对生态环境的影响，科学把握泥沙含量合理区间和中长期水沙调控总体思路，采取“拦、调、排、放、挖”综合处理泥沙。完善以骨干水库等重大水利工程为主的水沙调控体系，优化水库运用方式和拦沙能力。加强龙羊峡、刘家峡等上游水库调度运用，充分发挥小浪底等工程联合调水调沙作用，增强径流调节和洪水泥沙控制能力，维持下游河槽稳定，确保河床不抬高。以禹门口至潼关、河口等为重点实施河道疏浚工程。在黄土丘陵沟壑区、土石山区、干旱草原区等植被恢复潜力较高区域，进一步加强水土流失治理；在黄土高原沟壑区、高地草原区、风沙区，应以水定草、量水而行，适当放缓林草植被建设。结合小浪底水库水沙调控及河道整治，通过滩区引洪放淤及机械放淤，淤堵串沟堤河，平整和增加可用土地，加快“二级悬河”治理。通过对滩区进行分类治理，使大部分滩区成为永久安全区。

近20年来，黄河流域开展了大规模的黄土高原水土保持和生态建设工程，增加水土流失治理面积为21.3万平方千米，增加梯田面积为3.32万平方千米，主要产沙区林草梯田的有效覆盖率由1978年的18%提高至2018年的61%。黄土高原淤地坝由1950年的2000余座增至

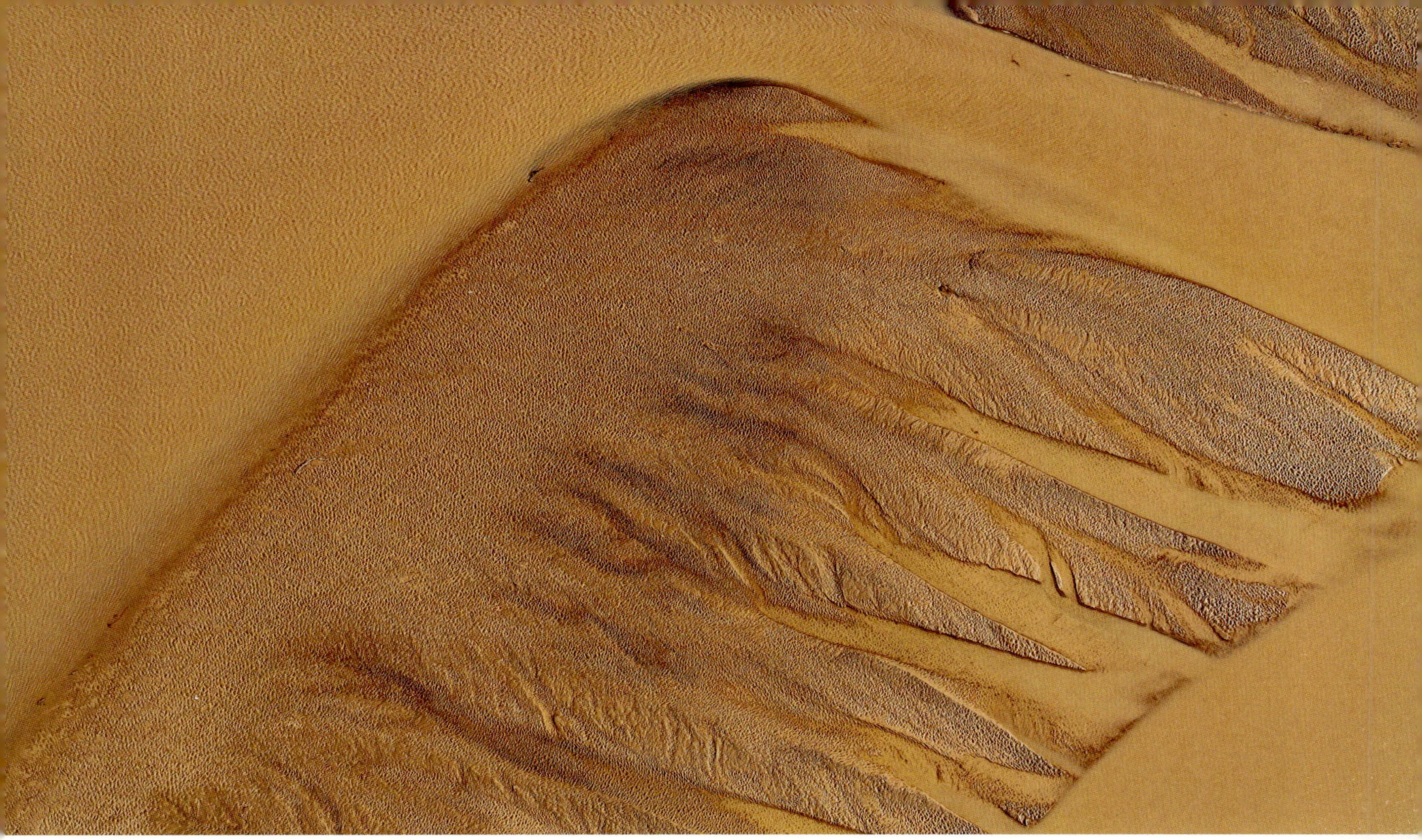

冬季陕西渭南大荔黄河湿地滩涂

2015年的5.2万余座（含骨干、中型坝1.6万余座），主要分布于丘陵沟壑区和高原沟壑区。建成了7座水沙调控骨干控制工程，黄河下游战胜了12次超过10 000立方米每秒的大洪水，扭转了历史上黄河下游频繁决口改道的局面，实现了连续60多年伏秋大汛堤防不决口。

（一）完善黄河水沙调控体系

1. 加强推进黄河上游黑山峡河段治理工程的论证工作

黑山峡河段位于黄河上游甘肃与宁夏交界处，具有较好的建库条件。在黑山峡河段建设控制性水利工程，与黄河上游龙羊峡、刘家峡水库联合调水调沙，塑造有利于宁蒙河段输沙的水沙过程，可恢复并长期维持内蒙古河段平滩流量2000～2500立方米每秒，能够有效减缓宁蒙河段“悬河”的淤积萎缩，降低防洪防凌安全风险。同时，可为中游骨干水库调水调沙和有效库容恢复提供水流动力条件，实现黄河上中下游有效联动。

2. 优化黄河中游古贤水利枢纽的开发目标与建设规模

小浪底水库是目前黄河中下游唯一能进行水沙综合调节运用的水利枢纽，其库容弥足珍贵，直接影响黄河下游防洪、生态和供水安全。同时，古贤水库与小浪底水库联合调度，将解决小浪底水库调水调沙后续动力不足的问题，可长期维持下游河道河槽的行洪输沙功能，

小浪底水库航拍

缓解“二级悬河”不利态势等。但从黄河来水来沙量趋势研判，未来古贤水利枢纽坝址断面以上来沙量要远小于规划采用数值，水库拦沙库容明显偏大，建议基于黄河未来可能的水沙条件，进一步优化古贤水利枢纽开发目标和建设规模。

（二）开展黄河下游滩区的分区治理，彻底解决滩区防洪运用与高质量发展之间的矛盾

随着黄河中游古贤、东庄等控制性水库的建成运用，进入黄河下游的泥沙将进一步减少，洪峰流量锐减，洪水漫滩的发生概率将极低。黄河下游滩区具备分区治理、释放部分滩区的条件。

1. 因地制宜试点滩区分区治理

在维持黄河大堤现状、保障大堤外防洪安全的基础上，选择适宜河段开展滩区分区治理试点。在自然滩区内充分利用既有生产堤等防洪工程，修建一定防洪子堤，形成封闭蓄滞洪区；在防洪子堤及上、下游适宜处布设分洪和退水设施，根据防洪安全要求和实时洪水情况，选择性进行分洪、滞洪和沉沙；分蓄洪区以外滩区用于群众安置和生产生活用地。

山东邹平黄河大堤

2. 改造下游河道，释放部分滩区

在对黄河下游未来水沙条件进一步观测和研判的基础上，逐渐扩大滩区分区治理试点范围，最终在黄河滩区内利用已建生产堤和控导工程等建设两道防洪导堤，将黄河下游河道缩窄成3～5千米宽、可通过8000～10 000立方米每秒流量的通道；在防洪导堤与黄河大堤之间的滩区上，利用隔堤和公路等建成一定规模的滞洪区，用于分滞大于10 000立方米每秒的洪水；释放除新建滞洪区以外的滩区，并将其变成永久安全区，彻底解决黄河下游滩区防洪运用与高质量发展需求之间的矛盾。

（三）调整黄土高原治理格局，协同推进生态保护和乡村振兴

黄土高原的水土保持工作仍应长期坚持退耕还林、还草和淤地坝建设等相关政策，但当前部分植树种草区域未遵循自然规律，导致区域性措施不匹配、治理不均衡、重工程轻管理、治理目标和模式对乡村振兴的带动性不足等问题，为此，建议后续的工作应做到以下两点。

黄河从贵德丹霞地质公园穿过

1. 科学确定黄土高原水土流失治理度，分区分类调整水土保持措施

黄土高原水土流失治理与生态建设中，林草植被、梯田及淤地坝等措施的减沙作用都具有临界效应。一方面黄土高原水土流失治理不可能将泥沙减到零或较低的数值，另一方面林草植被、梯田及淤地坝等措施也要有一个治理度，超过了这个度，水土保持的边际效益就很低。从干流河道来看，如果中游水保措施将入黄泥沙减至很少甚至接近于清水状态，黄河中下游河道将面临剧烈冲刷、畸形河湾发育等诸多威胁防洪安全的问题；黄河河口也将面临海岸蚀退、海水入侵等诸多威胁河口生态环境与稳定的问题。建议根据黄土高原九大类型区的特点和水土保持效果临界状态阈值等，科学确定分区域的水土流失治理度，并结合分区域水土保持现状，因地制宜地调整黄土高原治理格局。

2. 创新生态治理与乡村振兴融合发展模式

进一步探索建立多渠道、多元化的水土流失治理投入机制，在加大中央投资力度的同时，将水土保持生态建设资金纳入地方各级政府公共财政框架，并鼓励社会力量通过承包、租赁、股份合作等多种形式参与水土保持工程建设，引导民间资本参与到水土流失治理之中，提高治理效益，促进产业发展，改善人居环境，使治理成果更好地惠及群众。

四、有效提升防洪能力

在黄河流域生态保护和高质量发展要求下，构建“一轴两核”的水灾害综合防治格局，实现水沙协调、安全稳固、洪水无虞。“一轴”即坚持“增水、减沙，调控水沙”的思路和途径，紧紧抓住水沙关系调节这个轴线。“两核”即坚持“上拦下排、两岸分滞”调控洪水和“拦、调、排、放、挖”综合处理泥沙，完善防洪减淤工程总体布局，辅以防洪减灾系统等非工程措施，构建综合性的防灾减灾体系。

协调干支流、上下游、左右岸等关系，以调控水沙为核心，综合处理泥沙两大策略以及滩区治理思路，完善以黄河下游为重点，兼顾黄河上中游河段、主要支流、城市防洪、山洪灾害防治的洪水防御总体布局。

践行“两个坚持、三个转变”防灾减灾救灾理念，紧紧抓住水沙关系调节“牛鼻子”，围绕以疏为主、疏堵结合、增水减沙、调水调沙，完善水沙调控体系，健全“上拦下排、两

岸分滞”的防洪格局，强化洪灾应对体系和能力建设，构建河道畅通、安全稳固、保障有力的综合性防洪减灾体系，确保大堤不决口、河床不抬高，为实现黄河长治久安提供保障。

1. 健全“上拦”工程，增强洪水控制能力

完善以骨干水库等重大水利工程为主的水沙调控体系，提高径流调节和洪水泥沙控制能力，确保河床不抬高。深化黑山峡河段开发治理工程前期论证，开展桃花峪水利枢纽前期研究。加快泾河东庄等工程建设，开展清水河马高庄、泾河石家峡等支流水库建设；全面完成现有病险水库除险加固，对新出现的病险水库及时消除安全隐患；开展小浪底、海勃湾、陕西王瑶等干支流水库清淤试点，恢复有效防洪库容；加快实施淤地坝除险加固，提高淤地坝防洪能力。

2. 强化“下排”工程，畅通河流洪水通道

实施下游河道综合治理，推进下游现代化堤防建设，加强游荡性河道整治，保持河道主槽稳定，解决河口防洪问题，提高下游防洪能力，确保防御洪峰流量为22 000立方米每秒的洪水时堤防不决口。实施河口河段河道疏浚工程，减少河口淤积延伸的溯源淤积影响，加强刁口河备用流路综合治理。实施禹潼河段河道疏浚工程，推进中游禹潼河段和潼三河段塌岸与塌滩治理。加大上中游干流河道治理力度，统筹推进黄河干流青海、四川、甘肃、宁夏、内蒙古等省区河段防洪治理，加固堤防、整治河道，实施必要的护滩和护岸工程，增强河道泄洪排沙能力；加强重要支流险工险段和薄弱堤防治理，推进黑河、白河、湟水河、洮河、渭河、无定河、北洛河、汾河、沁河、伊洛河等重要支流防洪治理，提高支流防洪能力；实施中小河流治理与山洪灾害防治。

3. 完善“两岸分滞”工程，提高洪水有效滞蓄能力

积极研究东平湖滞洪区综合治理方案，完善滞洪区防洪工程，实施安全建设措施，确保“分得进、蓄得住、退得出”。统筹洪水风险与社会经济发展，研究北金堤滞洪区运用方式，完善纳入治理规划的6个内蒙古应急分凌区工程设施，加强分凌区运用管理。

4. 实施滩区综合提升治理，保障滞洪沉沙功能

因滩施策，解决滩区群众防洪安全问题。力争贯孟堤扩建工程尽快立项，完成“十四五”期间工程建设任务，完善黄河下游防洪工程体系。推动温孟滩防护堤加固工程，解决滩内居民安全问题。推进东坝头至陶城铺河段“二级悬河”治理，降低黄河大堤防洪风险。立足从根本上解决滩区居民防洪安全问题，积极推进滩区居民迁建，鼓励滩内群众外迁安置。在不影响河

汾河水库

道行洪前提下，统筹考虑生态保护和滩区高质量发展，结合乡村振兴，支持引导滩区走现代生态农业发展之路；科学推进宁蒙滩区治理，推进内蒙古黄河滩区居民外迁。

5. 加强城市防洪工程建设，增强抵御灾害能力

加强济南、郑州、西安、兰州等重要城市防洪工程建设，实施县城防洪达标建设，有条件的地区可结合生态、交通、景观开展多功能高质量防洪工程提升工作；统筹城市防洪排涝工作，加强重要城市周边山洪沟道治理，增强抵御灾害能力，逐步形成与城市规模、功能、定位相适应的城市防洪排涝体系。

6. 加快推进智慧水利建设

推进黄河流域全覆盖水监控系统项目，建立规模以上地表水取退水口和地下水取水井在线监测系统。实施水土保持监测工程，完善水土保持监测站网体系。实施已建水利工程智能化改造和水域岸线视频监测监视工程。整合流域通用模型及专用模型，建设流域知识图谱等大数据分析系统，构建涵盖山水林田湖草沙及与物理黄河实时同步的数字“孪生”黄河。

经典案例

一、黄河上游：青海“引大济湟”工程

湟水河为黄河上游一级支流，主要由湟水干流和大通河组成，流域面积3.29万平方千米。湟水干流地处青海省经济最发达地区，对全省经济社会发展和实施西部大开发战略具有举足轻重的作用。长期以来，湟水干流干旱少雨，水资源供需矛盾日趋严峻，而与其毗邻的大通河水资源则比较丰沛。“引大济湟”对促进湟水流域经济社会可持续发展、满足城镇工业和生活用水及改善生态环境具有十分重要的作用。

为了实现水资源的合理调配，缓解湟水河干流地区水资源严重匮乏的困境，早在20世纪50年代，青海省就提出了“引大济湟”调水的设想，开始谋划引大通河水造福青海人民。经过几十年的勘察、方案论证和科学比选，最终形成了引大济湟工程规划建设方案。“引大济湟”西干渠工程项目是全国172项重点水利工程之一，是以灌溉和工业园区供水为主，兼顾城市生活用水的骨干性水利工程。其中，灌溉工程田间配套建设项目五标段位于大通县黄家寨镇内，包含各类管系建筑物9060座，其中蓄水池168座、减压池130座、各类阀门井730座。

研究根据区域环境特点，结合大通河鱼类产卵的流速、流量要求，计算确定了大通河适宜生态流量（张军锋 等，2011）。可以看出，不同来水条件下，调水实施后，坝址断面下泄流量能够满足生态环境流量的要求，确保了河道内生态需水量，保障了大通河引水枢纽下游河谷植被萌芽期、生长期需水要求以及鱼类产卵期对水流速度的要求（图2-5～图2-7）。

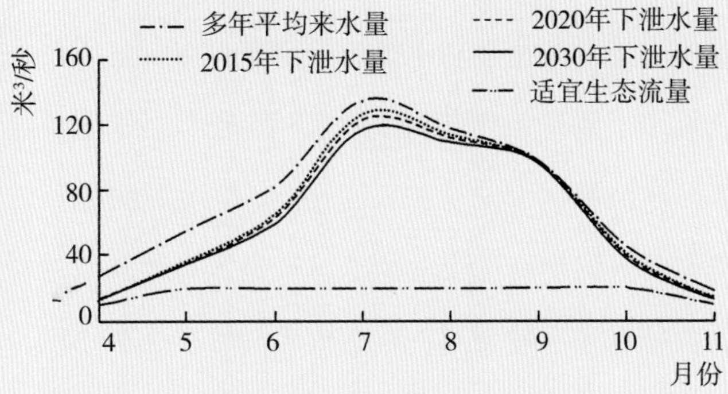

图 2-5　多年平均来水条件下大通河坝址断面下泄水量及生态流量过程线

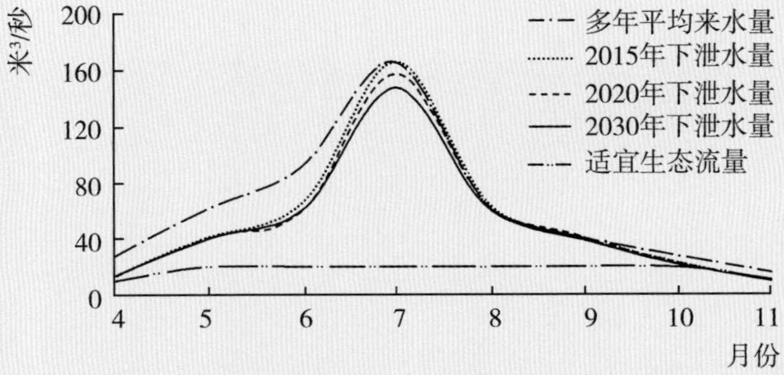

图 2-6　枯水典型年大通河坝址断面下泄水量及生态流量过程线

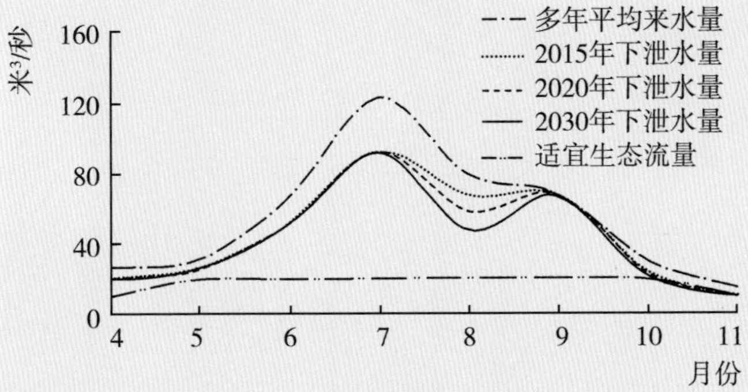

图 2-7　特枯典型年大通河坝址断面下泄水量及生态流量过程线

引大济湟工程不仅是缓解湟水流域水资源严重短缺局面的跨流域调水工程，而且是事关湟水流域可持续发展大计的战略性调水工程，更是青海省有史以来建设规模最大、综合效益最广、受益群众最多、建设条件最复杂的水利工程，对于缓解湟水流域日趋严重的水资源供需矛盾，保障湟水流域供水安全和环境安全，满足城镇化、工业化进程对水资源的需求，满足生态环境修复、保护和建设的要求，满足人口增长对粮食安全的要求，实现了湟水流域水资源的合理配置和高效利用，以水资源的可持续利用保障了社会经济的可持续发展。

青海湟水河谷

二、黄河中游：黄河小浪底水利枢纽工程

小浪底大坝即小浪底水利枢纽，是治理开发黄河的关键性工程，属国家“八五”重点项目，是黄河干流三门峡以下能够取得较大库容的控制性工程。小浪底地跨洛阳、济源、三门峡三市，总面积1262平方千米（其中水面296平方千米），全长175千米（上至三门峡大坝上游9千米，下至小浪底大坝36千米处），其中小浪底大坝位于洛阳市孟津县小浪底村附近，故以“小浪底”命名该工程。

小浪底大坝不仅是中国治黄史上的丰碑，还是世界水利工程史上最具挑战性的杰作，也是我国跨世纪第二大水利工程。总装机容量为1800兆瓦（6台300兆瓦混流式发电机）的地下发电厂房，高160米、长1667米的黏土斜心墙堆石坝，巍峨的进水塔，壮观的出水口，在不足1平方千米的范围内拥有纵横交错的108条洞群等，使小浪底具备了防洪、防凌、发电、排沙等多项功能，是旅游者观赏黄河沧桑巨变的一大景观。一年一度的调水调沙活动，气势雄伟，可媲美钱塘潮。水库蓄水后在大坝上游所形成的浩渺水面、曲折河巷与雄伟山势竞相生辉，构成了“北国山水好风光——黄河小浪底”。

根据蓄水后观测的大量原型资料，屈章彬等（2011）初步分析了1999—2008年水库和下游河道的变化，发现水库调整了水沙搭配关系，除汛初调水调沙运用之外基本不排沙。由于水库处于拦沙运用初期，各流量级出库沙量明显小于入库沙量。与入库相比，出库水沙搭配情况明显改善，水库淤积进程缓于预期。

2018—2019年汛期，黄河上中游地区降水偏多，干流洪水洪量相对较大、持续时间较长。黄河防汛抗旱总指挥部抓住有利时机，积极应对，实施小浪底水库降低水位排沙措施，充分利用洪水入库过程冲刷库区淤积的泥沙，实现了库容恢复和河道多排沙的目标（图2-8）。

小浪底水利枢纽工程作为治理开发黄河的关键性工程，自投运以来，发挥了巨大的综合效益，成功实现了防洪、减淤、发电、供水、防凌等既定目标，为保障黄河中下游人民生命财产安全、促进经济社会发展、保护生态与环境作出了重大贡献。

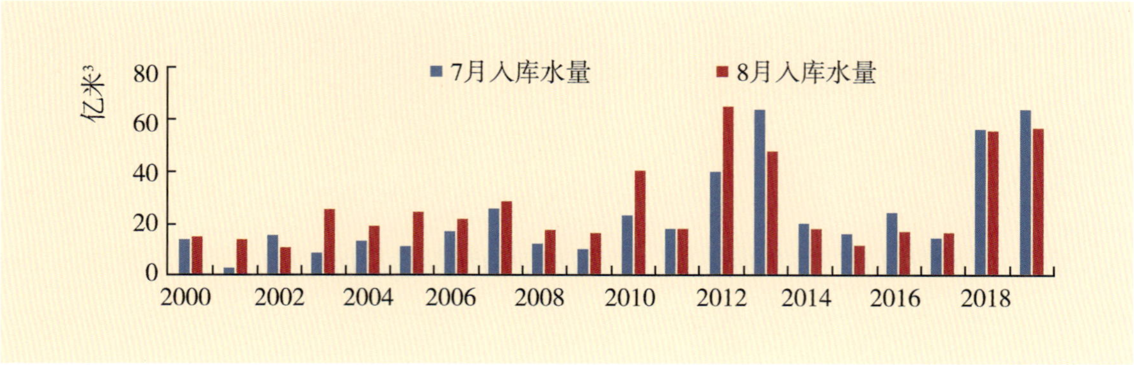

图 2-8　2000—2019 年 7—8 月小浪底水库入库水量对比

小浪底水库调水调沙期间呈现沙画奇观

三、黄河下游：位山灌区引黄灌区水利工程

位山灌区是聊城市引黄抗旱的重要基础设施，担负着除莘县以外的7个县（市、区）和3个市属开发区的全部或大部分耕地灌溉任务。在长期的引黄供水服务中，形成了以农业供水为主，兼顾城乡居民生活、工业、生态环境等的多元供水结构，有力保障了聊城市粮食连年丰产，解决了100多万城乡居民生活、骨干企业生产运营用水问题，并且维护了主要河湖水生态改善，为聊城经济社会持续健康发展和生态环境持续改善提供了重要水源支撑，发挥了基础保障作用。同时，位山灌区还担负向雄安新区供水、引黄入冀补淀、华北地下水超采区补源等跨流域调水任务。

位山灌区属暖温带半干旱季风气候区，四季分明，且具有冬寒少雪、春旱多风、夏热多雨、秋晴日照长的自然特点。年内降水量分布极不均匀，其中6～9月降水量为438.5毫米，占全年的75%，多年平均水面蒸发量为1287.7毫米，是降水量的2.2倍。由于降水量的分布不均，满足不了作物生长的需水要求，更不适应“两高一优”农业的发展。截至2020年底，位山灌区连续23年列入国家投资计划，累计实施24期建设任务，完成总投资14.27亿元。位山灌区骨干工程衬砌长度为600多千米（含县、市、区），渠道衬砌长度为487.5千米，维修、改造建筑物1974座，尤其引黄灌区农业节水措施的实施，对于乡镇级管理的渠系进行了清淤疏浚，供水效率有了明显提升。2021年春灌时，在灌区最下游高唐县尹集镇也见到了多年未见的黄河水。近年来，随着黄河水资源供给能力的日趋降低，黄委会加大了对用水户用水量的限控，以保障黄河不断流。

灌区节水改造工程建成并投入运行后，位山灌区共节水21 497万立方米，在受益区产生了很大效益。

1. 工业效益

工业效益按转移水量与单方水产生的工业净产值及灌区工程与直接向工业供水工程的分摊比例之积计算。根据调查结果并参照《位山灌区续建配套与节水改造规划》，综合万元产值耗水量采用180立方米，工业净产值率取35%，节水改造工程分摊以8%计算，灌区节水改造工程实施以来节水转移工业效益为24 007万元。

山东省聊城市位山灌区

2. 农业增产效益

农业增产效益依据《位山灌区供水成本核算及灌溉增产效益计算》，采用平方水直接效益计算（0.98元每立方米）。节水改造工程实施以来，节水农业增产效益为5263万元。另外，由于工程设施改善，在引水量逐年减少的情况下，整个灌区改善灌溉面积1.87万公顷，正常运行期多年平均农业增产效益为1922万元。

3. 盐碱地改良效益

据统计，节水改造工程完成后，共改良盐碱地面积2000公顷。盐碱地改良效益水利分摊系数采用0.6，计算得出节水改造工程实施以来盐碱地改良效益为635万元。通过节水改造实现了远距离输沙和分散沉沙，缓解了干渠工程清淤占地集中的矛盾。同时，由于支级以下工程规模小，平均清淤单价低而相应节约了大量清淤费用。灌区节水改造工程实施以来，减少泥沙处理费2614万元。

为适应现代水利发展的需要，位山灌区积极引进现代化的技术设备和先进的管理理念，以此来提高工程建设和管理的科技含量，保障工程效益最大化。另外，干、支渠衬砌后，两岸堤防种植了果林草木，建设起高标准的防风固沙林带，既能改善当地生态环境，又可增加经济收入，为灌区良性运营、可持续发展打下了坚实的基础。

位山改建方案的推动与实践，既解决了聊城引黄困难这一现实问题，又全面提高了灌区供水效率与效益，不仅保障了聊城粮食安全、饮水安全、生态环境安全，而且为河北雄安新区等周边区域用水提供了水源支撑，灌区服务经济社会高质量发展的基础保障作用得到进一步发挥，也推动了引黄灌区事业健康可持续发展。

2021年，位山灌区被水利部、国家发展和改革委员会命名为“全国灌区水效领跑者”。

第三章

黄河流域生态宜居美丽乡村建设

黄河流域在我国工业和农业发展中占有重要地位，其中宁夏—内蒙古河套灌区、汾渭平原、黄淮海平原和甘肃河西走廊等地区是重要的水稻、小麦和玉米粮食生产功能区，也是棉花和油料等经济作物以及牛羊畜产品的重要产业地区，是全国主体功能区规划中农业发展战略格局的重要组成部分，对维护我国粮食安全和保障农产品供应安全等具有重要的战略价值。同时，黄河流域又是我国北方极重要的生态地区，三江源、祁连山地、阴山和黄土高原等地区是重点生态功能区，生态环境脆弱和敏感。总的来看，黄河流域的发展问题根源在于农业发展引发的人地矛盾和冲突，实现黄河流域的高质量发展，重点在于推动农业和农村的高质量发展（徐勇等，2020）。

黄河流域农业发展与生态治理

黄河流域下游的华北平原、中游的汾渭盆地和黄土高原，上游的荒漠草原均有各具特色的农业发展模式，其中黄淮海平原、汾渭平原和河套平原是全国主体功能区规划中农业战略格局的重要组成部分，是中国北方重要的小麦、棉花、玉米、大豆产区和畜产品产业带。同时，黄河流域也是中国北方的生态极脆弱区和重要生态屏障，三江源、甘南地区、祁连山区、黄土高原等地区是国家重点生态功能区，肩负区域水土保持和防风固沙等多种生态涵养和生态保育功能。

一、黄河流域乡村用水现状

1. 流域生态环境脆弱，水资源十分匮乏，时空分布不均

作为我国重要的农业生产核心区，黄河流域生态环境脆弱，水资源十分匮乏，时空分布不均，使得黄河流域长期处于水资源短缺的高压状态，对流域内以灌溉为主体的农业活动形成了巨大威胁。据《中国水资源公报》可知，2019年黄河取用水总量为400.2亿立方米，其中农业用水总量为267.4亿立方米，约占66.8%。农业是用水大户，对水资源的依赖性较强，但拥有全国13%耕地面积的黄河流域，水资源总量却仅占全国水资源总量的2%，水资源与耕地资源的不匹配，加剧了黄河流域农业缺水态势。此外，随着经济社会快速发展，农业生产开始大量使用化肥和农药，造成农业面源污染、水体污

染等一系列环境问题，制约了农业的可持续发展，严重阻碍了黄河流域生态保护和高质量发展进程。

2. 地下水占比对流域农业用水效率影响系数先下降后增加

从演变趋势来看，地下水占比对黄河流域农业用水效率影响系数先下降后增加。随着经济社会发展，地下水资源过度开采和污染问题逐渐严重，加之生活用水和工业用水需求日渐增加，用于农业灌溉的地下水资源不断被挤占，从而降低了地下水对农业用水效率的促进作用。由于地下水资源的严重超采和污染问题，加剧了地下水资源保障压力，2011年环境保护部（今生态环境部）印发了《全国地下水污染防治规划（2011—2020年）》，促使地下水超采和污染问题在后续工作中得到了有效控制。2014年中央经济工作会议提出“将粮食安全作为首要任务”，进一步加强了对农业生产的重视程度，地下水资源对农业用水效率的促进作用开始缓慢增强。

3. 农业用水占比对流域农业用水效率影响系数呈先稳定后降低趋势

在研究初期，农业用水占比对流域各省区农业用水效率的影响有正有负，主要由于2009—2011年我国正处于工业化城镇化快速发展阶段，工业用水和居民生活用水需求增加，导致流域部分省区农业用水被挤占，农业水资源供给不足，抑制了农作物生产能力，此时稀缺的农业水资源对农业用水效率表现出促进作用。2012年国务院印发了《全国现代农业发展规划（2011—2015年）》，规划中强调“在深入发展工业化、城镇化的过程中要实现农业现代化的同步推进，以有效保障粮食等农产品供给，促使农业结构更加合理化”。在此背景下，各省区提高了对农业生产的重视程度，逐渐加大农业财政投入，农业节水技术和农田水利设施得到改进，农业用水基本得到保障，但由于经济、节水宣传等诸多因素影响，农户节水意识并未实现同步提升，造成农业水资源的投入增加，导致农业用水占比对农业用水效率的影响逐渐转为负向效应。

4. 节水灌溉面积占比对流域农业用水效率影响系数表现出逐渐增加态势

究其原因，早期国内农业节水技术比较落后，渠系建设不完善，也未得到广泛推广和应用，导致节水技术未发挥其应有的促进作用，表现出较小的负向影响。随着时间的流逝，各地区经济水平不断提升，农业节水重视程度不断增加，节水发展水平有所提高，因而逐渐展现出对农业用水效率的积极效应。

甘南黄河蜿蜒水道

地处黄河滩区的山东省平阴县阮二村水稻种植农场

青铜峡黄河大峡谷水利枢纽

二、黄河流域乡村生态环境

中国乡村经济的快速发展和不断深化，以及农业发展趋向现代化、城镇化和乡村工业化，给人民生活、生产造成了直接或间接的负面影响。此外，在农业生产过程中大量使用农药、化肥、地膜等农业生产要素，显著地提高了农作物产量，但也加剧了农村环境污染和农业生产对农业生产要素的过度依赖。《2019年中国生态环境公报》指出，我国总体生态环境质量得到改善，但工业污染与生活污染、非点源污染与点源污染并存、城市污染向乡村转移、农牧业污染日益加剧、浅层地表水污染趋势加快等现象仍然存在，这些环境污染问题已成为制约中国现代化发展的“瓶颈”。

黄河流域各省区政府对于农作物秸秆处理、畜禽污染物排放、农药化肥污染等问题，均给予高度重视，并制定和出台了一系列文件，各省区的乡村生态环境污染防治取得了一定的成效。第一产业产值快速增长和农作物播种面积的增加，表明黄河流域农业得到了较好的发展，农业生产技术水平得到了提高，加快了黄河流域农业的现代化进程；与此同时，耕地面积的增加、农产品产量的大幅提高，导致在农业生产过程中过度使用农药、化肥的现象增多，因此黄河流域乡村生态环境仍需引起高度重视。影响黄河流域乡村生态环境的因素主要有以下几个方面。

黄河大坝护卫万亩良田

1. 现代化农业生产污染

黄河流域是我国重要的粮食生产区和畜牧区，随着社会需求的日益增长，在农业生产过程中农药、化肥及地膜等使用量急剧上升，出现了农户过度依赖并大量施用农药化肥等非农生产要素，导致了黄河流域乡村生态环境出现严重的面源污染。从近10年的变化趋势可知，各类肥料的施用量总体逐步稳定增长。随着黄河流域九省（区）总体有效灌溉面积的增加，化肥的使用量也逐步增加。灌溉面积、化肥施用量的增加以及化肥利用率不高等因素，加剧了乡村环境的污染，增加了乡村生态环境压力和治理难度。

塑料薄膜能够有效缩短农作物的成熟周期，使农产品可以提前进入消费市场，进而降低农业生产的自然风险和市场风险，在农业生产过程中得到了广泛的应用。但塑料薄膜是由有机化学聚合物所构成的，且在生产中多为一次性的消耗品，使用之后塑料薄膜在自然条件下难以降解，其残存时间可达数百年，给乡村地区造成了严重的“白色污染”，加剧了乡村生态环境的恶化。

2. 乡镇企业工业污染

乡镇企业的特点就是企业规模小、布局分散，而且考虑到生产成本和生产便利性等问题，多建在河流附近、乡村周围，实现了乡镇企业交通发达、雇工方便、水电直达等目标。另外，随着国家加大对城市环境污染的治理力度以及乡镇企业的快速发展，部分城市高污染企业和工厂迁移到了乡村地区。在生产过程中，乡镇企业为了实现生产成本最小化，会随意地将污染物排放到乡村河流、耕地、湿地等，造成严重的水污染和面源污染，严重破坏了乡村生态环境。通过对黄河流域九省（区）2017年的环境统计公报数据的整理和汇总可知，黄河流域九省（区）工业固体废物产生量为13.31亿吨，废水排放总量为180.91亿吨。废气中主要的污染物二氧化硫排放总量为337.2万吨，烟粉尘排放总量为269.8万吨，氮氧化物排放总量为409.19万吨。

由此可见，黄河流域九省（区）的乡镇企业所产生的“三废”污染物排放，对乡村生态环境污染造成的严重影响不可忽视。

3. 畜禽排泄物污染造成面源污染

众所周知，黄河流域利用独特的气候、地势等自然资源大力发展农业生产，其中畜禽养殖业占据了重要地位。随着黄河流域九省（区）整体经济快速发展，畜禽养殖业的规模也在不断扩大。但因黄河流域九省（区）的乡村集中化程度不高，村屯之间分散，所以，畜禽养殖大多由农户自主养殖，规模化的养殖场较少。因此，畜禽污染物大多未经处理直接排放于乡村环境之中，进而污染乡村地区的水源、耕地等，严重破坏乡村生态环境，使得乡村环境污染进一步加剧，严重地威胁到了乡村居民身体健康。

黄河流域九省（区）整体大牲畜的数量逐步递减，减少的原因是随着农业现代化的进程加快，农耕机械化程度正在提高，替代了传统的“牛耕、驴驮、马拉”的农业生产模式。肉猪和羊的数量均明显增长，其中肉猪的数量从2008年的18 486.3万头增加到了2017年的21 769.67万头，增加了3283.37万头。随着猪羊养殖数量的上升，畜禽排泄物也大幅增加，给乡村环境带来了巨大的压力。各省区政府要加大对畜禽养殖业的投资和管理，严格管控畜禽污染物排放的标准。乡村地区不仅面临城市污染转移的生态压力，还面临着自身农业生产污染、畜禽养殖污染等压力，所以，要重视乡村生态环境污染治理工作，加大对乡村环境污染治理资金的投入，出台相关的法律法规政策，助推乡村生态环境治理工作的顺利开展。

4. 农作物废弃物污染

黄河流域九省（区）的农作物组成主要以粮食类、油料类和蔬菜类为主，均呈现出播种面积逐步扩大的趋势，种植的主要农作物有棉花、药材、瓜果、青饲料、烤烟、糖料、麻类，这些农作物在全国占有重要的地位。其中，由于粮食类主要是以小麦、水稻、玉米、豆类、薯类为主，油料类以油菜为主，因此，播种面积越大所产生的秸秆就越多。

黄河流域目前秸秆的处理方式主要有秸秆能源化、焚烧以及秸秆饲料化处理，小部分秸秆会直接还于耕地或者进行处理形成可再生能源，但受到技术、经济、设施水平等因素限制，秸秆的能源化和饲料化处理程度偏低。现阶段黄河流域九省（区）对秸秆的处理方式较落后，利用率较低，未能将农作物秸秆效用最大化，使得大量的农作物秸秆成为废弃物，农户任意焚烧、堆放。焚烧秸秆之后会产生大量二氧化硫、二氧化碳、氮氧化物等有害气体，甚至会形成酸雨，不仅加剧了乡村环境污染，也危害了人体健康，并浪费了大量的可再生能源。所以，地方政府要充分意识到秸秆焚烧所带来的影响，需要县、乡两级政府出台并完善相关奖惩政策以此加强对秸秆的监管，一方面，要给农户传播秸秆焚烧带来的危害，并禁止任意焚烧秸秆；另一方面，政府要加快建设秸秆能源化、饲料化处理所需的设备设施，为农户提供更为便捷的秸秆处理和利益渠道，实现秸秆利用最大化，将污染降到最低。

5. 乡村生活污水和乡村生活垃圾污染

因相关统计年鉴未统计黄河流域各省区乡村每年生活污染物的排放量，我们通过黄河流域总人口与人均每日污染物产生量来估算黄河流域2008—2017年的污染物产生量，并以此来分析黄河流域九省（区）乡村生活污染现状。通过王琳（2013）等人对农村生活污水的现状调查得出，农村居民每人日均污水产生量为25.13升，又通过靳琪等（2018）对我国不同区域农村生活垃圾的产生、管理现状进行村镇抽样调查，计算得出农村居民每人日均生活垃圾产生量为0.79千克。

当前，黄河流域各省区在环境治理方面的投资偏低，并且在城乡二元制度的影响之下，政府将环境治理资金大幅度用于城市的环境治理建设，因此，黄河流域乡村环境治理设施不完善，缺乏针对乡村生活垃圾、生活污水处理的技术和设施。乡村生活垃圾大多是在乡村地区进行填埋、焚烧、堆放，乡村生活污水未经任何处理便随意排放到耕地、河流之中，从而对乡村地区的水源、空气、土壤等自然资源造成严重的污染。所以，黄河流域乡村环境污染亟须治理。

三、黄河流域农业地域格局与发展

黄河流域农业地域格局与自然地理单元的耦合特征明显。根据刘彦随等（2018）的中国现代农业区划方案，黄河流域可划分为四川盆地区、京津冀鲁平原丘陵区、黄淮平原区、黄土高原区、内蒙古高原区、甘新沙漠高原区和青藏高原区等七大现代农业一级分区，16个二级分区。

其中，京津冀鲁平原丘陵区和黄淮平原区地势平坦，优质耕地面积大，灌溉用水和光热条件较好，农村劳动力数量大，整体经济发达，农业产业化水平和农业机械化水平较高，是我国的传统农业区和主要的粮棉油肉大宗农产品生产基地，但面临人地关系恶化、农业用水短缺、土壤面源和化学污染严重等发展问题。

内蒙古高原区处于我国干旱半干旱地区，是我国重要的畜牧业产区和重要草原经济区。

黄河两岸的农田湿地

内蒙古自治区准格尔旗黄河稻鱼生态农业

该区草原面积广大，耕地比重小，人均耕地占有量小，土地生产力水平较低，农业以农牧交错的草原畜牧业为主，矿产资源开发和草场过度开垦造成的生态可持续问题是其主要的农业矛盾问题。

黄土高原区是黄河流域最典型的农业地域类型区。区域自然地理环境具有地表破碎、土壤贫瘠、水土流失严重和水资源短缺等生态环境问题，但具有日照时间长和昼夜温差大等优势条件。通过发展特色经济林、水果、小杂粮、奶畜和日光温室等农业类型，逐渐摆脱了“越穷越垦、越垦越穷”的农业恶性循环发展路径。

甘新沙漠高原区深居内陆，气候干旱，地表以沙漠景观为主，农业发展模式以绿洲农业为主，是我国重要的水果、棉花和畜产品产区，目前面临农牧矛盾突出、土地退化和水资源短缺等问题；青藏高原区海拔高、山地广，地广人稀、农村劳动力短缺、对外交通不便、高寒低氧是制约区域农业发展的主要因素，农业以传统的高寒农牧业为主，区域农业发展方向以生态保育为主。

黄河流域是中国北方重要的人口密集区和工农业经济区，黄河流域农业发展对于保障我国“米袋子”和“菜篮子”，维护我国重要农产品供给安全具有重要作用。与此同时，黄河流域生产经营模式转变和创新驱动发展也取得了较大成效，区域农业发展的规模结构、集约节约和标准生产水平不断优化和提升，农业科技水平、生产效率和产业效益有效改善，服务农业产供销的社会化力量不断得到加强。截至2018年，黄河流域地区累计创建国家级农业科技园区40个，占国家级农业科技园区总数的16.26%；累计成立家庭农场12.39万家，农民专业合作社57.67万家，其中国家级农民专业合作社示范社285家，占全国总数的35.94%；农业产业化国家重点龙头企业288家，占全国总数的18.67%。

宁夏腾格里沙漠与黄河大拐弯绿洲

太行山下黄河岸边的金色麦田

建设生态宜居美丽乡村

一、加大农业节水力度，发展生态农业

1. 山东丘陵农业区

从农业高质量发展维度水平看，山东丘陵农业区的产品质量水平、产业效益水平、生产效率水平和经营体系水平均保持高位，但产业效益和生产效率水平近年来有缓慢下降趋势，表明山东丘陵地区产业效益和生产效率高的农业高质量发

山东丘陵农业区

展优势在缓慢下降；山东丘陵农业区的绿色发展水平在所有区域中最低，表明山东丘陵农业区是该区域推进农业高质量发展的最大短板。

山东丘陵农业区是黄河流域农业高质量发展水平最高的地区，所依托的山东省潍坊市和青岛市等地区也是全国范围内的农业产业化高水平地区，区域在推进农业高质量发展的过程中要着力提高山东丘陵农业区的绿色发展水平。

首先，要进一步调整农业产业结构，加强农业生产中水资源的节约和保护，因地制宜增加种植需水量小的作物面积，大力推广耕地节水保墒新技术，推广适合本地种植的耐旱农作物品种；控制灌溉用水的使用，加强农业节水宣传，增强农民节水保水的意识。其次，要进一步强化对农业生态环境的保护，使用水肥一体化等土地施肥技术，降低化肥使用量；减少化学农业使用量，推广防治病虫害的物理防治技术和生物措施，改善区域农用地土壤酸化和化学品污染；禁止使用 0.01 毫米厚度以下的不可降解农用塑料薄膜，推广能够实现生态降解的地膜，同时健全和强化农用地膜回收和加工体系，减少农用地膜固体废弃物污染。

山东省邹平市沿黄生态农业带

2. 黄淮海平原农业区

黄淮海平原农业区的农业高质量发展水平仅次于山东丘陵农业区，与河套平原农业区农业高质量发展水平大致相当。2006—2015年农业高质量发展水平呈现快速上升阶段，2015年达到顶峰，2015年以后缓慢下降。从维度水平看，黄淮海平原农业区的产业效益水平和生产效率水平高，是该区推进农业高质量发展的优势；产品质量水平处于中等层级，其水平和时序特征与关中—豫西农业区和黄土高原农业区大致相同，进一步提高农产品质量是该区今后的重点关注方向；绿色发展水平和经营体系水平处于较低层级，绿色发展水平仅稍高于山东丘陵农业区，经营体系水平在2013年后由低水平上升到中等水平，绿色发展和经营体系仍是黄淮海平原农业区推进农业高质量发展的主要短板。

黄淮海平原农业区具备良好的地理优势，是全国商品粮棉油的重要产区，是全国主体功能区农业发展战略格局的重要组成部分，农业高质量发展的优势在于农业产业效益高和生产效率高，在推进农业高质量发展过程中应当首要改善农业绿色化发展水平低下问题，提高农产品的质量安全水平和现代经营体系覆盖水平。

调整优化黄淮海平原地区旱作农业产业

晋豫交界处的平陆三湾黄河湿地农田

结构，以农业用水的高效节约利用为基础，推广种植抗旱、节水和产量高的新品种，推进优质小杂粮、中药材和优质瓜菜苗木等特色农业产业；与山东丘陵农业区等黄河中下游流域联动，积极推进生态农业和绿色循环农业发展水平，加强农用物资的高效利用，注重农田生态环境保护，提高主要作物的化肥利用率、农药利用率、农用塑料薄膜综合回收率、畜禽业排污利用率和秸秆回收利用率等，探索建立农业绿色发展先行示范区。

大力践行农业品牌化战略，加强农产品的产品、企业和区域品牌培育，不断提高农产品的品牌化水平，充分发挥黄淮海平原农业区的产品优势和品牌优势。同时应加强农产品品牌保护、监督管理和质量安全溯源管理机制，在保证产品质量安全的前提下不断开展农产品国家地理标志保护认证和绿色有机农产品的申报认证等工作，提高区域农产品质量。

芒种时节郑州黄河岸边小麦成熟

3. 关中—豫西农业区

关中—豫西农业区的农业高质量发展水平低于山东丘陵农业区、黄淮海平原农业区和河套平原农业区，处于黄河流域中等水平，农业高质量发展特点是产品质量、生产效率、经营体系、产业效益和绿色发展均处于中等水平，其中产品质量和生产效率处于中等偏下水平，产业效益处于中等偏上水平。该区是黄河中游流域的重要农产品主产区和传统农业区，具有地形平坦、劳动力丰富、适宜发展优质粮油等高产高效种植业和畜牧业，以及依托关中平原城市群的巨大消费市场等优势。但农业高质量发展缺少明显和突出的特色和亮点，与此同时，农业高质量发展水平及绿色发展水平、产业效益水平和生产效率水平在2015年后均呈现下降趋势，发展优势正在降低。提高农业产业效益和生产效率，推进农业绿色化发展是今后一个时期关中—豫西农业区推进农业高质量发展的重要任务。

陕西省陇县新集川镇农田

洛阳黄河银滩水稻种植基地

应进一步完善关中—豫西农业区的现代农业产业体系，提高农业高质量发展的产业效益和生产效率，建设绿色循环生态农业体系。汾渭平原及关中灌区应以保障生产能力为重点，重点发展夏玉米生产和优质专用小麦产业带的建设，以关中平原的粮食生产大县为重点，加强基本农田建设，稳定提高粮食种植面积，集中连片推进建设粮食生产基地，提高粮食单位产量，确保粮食产量有效高效供给。对于渭北旱塬等苹果优生适生地区以及秦岭北麓猕猴桃等优生地区应加快苹果、猕猴桃以及时令水果等果业发展，推进果业生产标准化水平、果品的精加工和深加工水平，同时应加大果品的品牌化建设，将渭北苹果和秦岭北麓猕猴桃等打造成世界驰名商标，同时应不断推进“三品一标”建设，不断提升果业发展的产品质量。

4. 黄土高原农业区

黄土高原农业区的农业高质量发展水平较低，仅略高于青藏高原农业区，远低于与之毗邻的关中—豫西农业区和河套平原农业区等，具体表现在产业效益、生产效率和经营体系水平低，产品质量水平中等，绿色发展水平较高等方面。黄土高原农业区主要包括黄土高原丘陵沟壑区和太行山地两大地貌单元区，区域农业生产条件具有土壤贫瘠、水土流失和农业用水短缺等特点，农业发展的自然和社会基础薄弱，农业发展的条件欠佳。

黄土高原农业区推进农业高质量发展应以生态环境保护为前提，以提高经营体系和产品质量为突破点，因地制宜发展集约节约和优质安全的特色种养殖业。黄土高原农业区囿于自然地理条件，不适宜推进黄淮海平原区和关中地区注重产业效益和生产效率的高产高效农业，如吨田玉米和小麦等，应该充分发挥有利农业发展的优势，如昼夜温差大和光照条件好等，大力发展马铃薯、高粱和莜麦等小杂粮，同时在延安市等黄土高原苹果优生地区应大力发展苹果等果业区域特色农业，不断提高杂粮干果的品牌化水平，做大做强和继续扶持如洛川苹果等“三品一标”产品，通过提高农产品质量的方式不断推进黄土高原农业高质量发展。黄土高原农业区依托区域特色农业推进农业高质量发展，关键在于提高农业标准化、集约化

固原梯田

黄土高原农业区

和产业化水平，因地制宜培育农业新型经营主体，提高农业生产的标准化和集约化水平，提高农产品的生产效率和产业效益。同时应加强区域国家级和省级农业科技园区和现代农业产业示范区建设，依托“园区+农户”等模式推广新品种和新技术，依靠科技进步破解区域农业发展难题。

5. 河套平原农业区

河套平原农业区的农业高质量发展水平仅次于山东丘陵农业区，与黄淮海平原农业区大致处于同一水平，农业高质量发展水平主要体现在产品质量、绿色发展和生产效率高，现代农牧业发展势头强、产业化和集约化水平较高，是该区域推进农业高质量发展的重要优势。但区域农业发展也存在产业效益水平和经营体系水平不高等问题，在黄河流域处于中等水平。提高农业产业效益和推进现代化经营等是河套平原农业区推进农业高质量发展的重要工作。

河套平原农业区的河套灌区是我国重要的玉米和小麦等粮食生产基地及温室蔬菜瓜果等绿色农畜产品生产基地，区域应该坚持以市场需求和品牌战略为核心，依托现代农业科技和新型经营方式的农业产业化“大农业”模式。河套灌区应依托有利的地形和灌溉等优势，重点发展优质中强筋小麦、全株青贮玉米、大粒型食葵和日光温室加工型蔬菜等，依托农业科技和农机装备化水平的提升，提高种植业产业效益，建设成为全国性的商品粮生产基地。还应加强农产品品牌化水平，提升绿色有机的高端农畜产品品牌化水平，同时做大做强如宁夏大米、宁夏枸杞、乌海葡萄、“天赋河套”等具有较高知名度的区域公用品牌和知名企业品牌，利用农产品的品牌化帮助农产品质量的提升。

河套平原农业区的农业高质量发展关键在于提高农业产业化水平，建设规模化和专业化的采用标准和集约生产流程的产业集群，重点围绕农畜产品的精深加工，建设具有区域特色的高端农畜产品生产、加工、服务和输出基地，提高绿色生态有机农畜产品的有效供给。加大培育农民合作社和家庭农场等生产主体，以及重点农业龙头企业等服务主体，加强农牧民的教育培训，提升规模化种养殖和加工服务水平。同时重视农业高新技术产业示范区等的示范和带动作用，培育一批如宁夏回族自治区吴忠国家农业科技园区为代表的国家级或省级农业科技园区和现代农业产业示范区，探索建立和推广诸如“鲜农园区”等为代表的集高端、生态、旅游、智能、节水、循环和设施农业等为一体的现代农业高科技示范园区等。

金秋河套平原黄河两岸金色稻田

敕勒川草场农田

6. 青藏高原农业区

青藏高原农业区是黄河流域农业高质量发展水平最低的区域，产品质量水平、产业效益水平、生产效率水平和经营体系水平均处于低水平状态。但由于农业发展水平低，耕地面积大，农药、化肥和地膜等农业物资的使用强度相对较小，且区域农业中畜牧业占比较大，因此区域农业发展的绿色化水平较高。由于青藏高原农业区特殊的自然环境和农业发展环境，推进农业高质量发展不能照搬其他区域的发展模式和路径，应从黄河流域生态保护的前提出发，以生态保护与生态修复为基准点，统筹考虑农业高质量发展与生态保护的关系。

地处黄河上游的青藏高原农业区应该将种养殖业结合和草畜业配套的循环生态农业作为推进农业高质量发展的突破口，以甘肃省定西市和青海省西宁市等国家级和省级农业科技园区、农业产业示范区为引领，以农民合作社和家庭农场等为依托，提高特色农产品和畜牧业的集约化和标准化水平，减小资源消耗和环境破坏，提升农业生产的效率和农业产业的效益。提高农产品的品牌化水平，将青藏高原区特有的牦牛、青稞、枸杞以及特色杂粮、水果打造成具有高附加值和长产业链的农业品牌，利用农产品质量效益的提升带动区域农业高质量发展。

青海省祁连县卓尔山油菜花田

甘南草原的牛羊群

青藏高原的牦牛

二、提高黄河滩区迁建群众生活水平

滩区群众搬迁，是习近平总书记一直牵挂的事。搬得出、稳得住、能发展、可致富的指导思想，需要各地落实。

1. 根据群众意愿，制定详细方案

做好摸底调查工作。走村入户，到群众家中发放黄河滩区居民搬迁安置意愿调查表，对滩区群众搬迁意愿进行深入细致的调查，对群众搬迁意愿、搬迁地点、安置房结构、可承受的搬迁自筹费用等进行详细了解，并对这些村庄人口、房屋、宅基等逐一进行登记造册，做到“村不漏户、户不漏人”，全面掌握第一手资料。

科学规划安置地点。按照村庄、产业、生态规划、土地和公共服务“五规合一”的要求，邀请专家进行实地考察指导，结合推进新型城镇化建设，结合群众意愿和滩区实际，制定出相关滩区群众搬迁安置地点。

2. 营造搬迁氛围

积极组织县镇有关干部群众代表参加全省组织的业务培训，加强对国家、省搬迁政策的理解，增强广大干部推进居民迁建工作的责任感和使命感。

采取悬挂横幅、制作广告牌、发放明白卡、出动宣传车等形式，借助电视、网络媒体，积极宣传政府对滩区群众的关注、关怀和迁建政策。

做到“三个到户”，即干部上门到户、政策宣讲到户、问题解答到户。抽调县直单位优秀干部和镇村干部组成“宣传队”，逐村逐户宣传动员，详细解答群众提出的疑问。同时，应从群众目前的生活环境、生活成本、建房周期、子女结婚等方面与搬迁后的情况逐一对比讲解，增强群众参与迁建的信心和决心，实现群众从“要我搬”到“我要搬”的思想转变。

3. 加强就业安置保障

按照搬迁群众能够真正实现“搬得出、稳得住、能发展、可致富”的目标，将产业发展、就业保障等工作统筹安排，多措并举促进滩区群众增收致富，真正实现黄河滩区高质量发展的目的。

创新社区管理模式。积极对接专业物业公司，引进先进管理模式，结合本地实际，创

山东省平阴县黄河滩区安置区

新试点社区管理方法。将原搬迁村村委会分为若干党支部，试点镇派出支援干部任支部书记，加强对村党支部的管理。同时，在社区持续开展放电影、广场舞等文艺活动，促进居民尽快适应。

加大产业扶持力度。依托当地产业，吸纳搬迁群众就近就业，在安置区附近增加建设就业点，将服装加工、手工编织等引入安置区内，转移剩余劳动力就业，切实增加群众收入。对于到滩区投资的企业，政府应积极引导，加大政策扶持力度，解决群众后顾之忧，防止村民上楼后大量劳动力闲置。另外，要深入挖掘农民的潜能，寻找新的商业机会和机遇，鼓励滩区人民创业创新，深入挖掘民间文化艺术资源，进行产业化、企业化运营。

加快滩区土地流转。政府应鼓励并帮助农业合作社、种植养殖大户、龙头的农业产业化企业等新型的农业经营主体尽快到滩区发展基础设施农业，将滩区的土地充分利用起来，并给滩区群众创造更多的工作机会，进一步带动搬迁群众致富。

开展技术培训扶持。由于滩区群众的受教育程度普遍偏低，加上滩区交通不便，致使很多滩区群众土地流转后不知道自己该做什么，所以要进一步加大滩区群众农业生产技术和职业技术培训力度，增加和提高搬迁群众劳动技能和致富本领，实现滩区群众增收渠道多元化。

三、强化农业污染综合治理

1. 农业生产污染治理现状

黄河流域各省区政府对于农作物秸秆处理、畜禽污染物排放、农药化肥污染等问题均给予了高度重视，并制定和出台了一系列政策及文件，各省区政府正在切实履行乡村环境保护主体的责任。关于秸秆的处理，当前主要有秸秆饲料化利用、实施秸秆还田、作为固体燃料、秸秆焚烧等方式。对于畜禽养殖场，畜禽污染物的处理主要有以下方式：一是建立相关设施设备，通过密封容器高温发酵或者机械翻堆方法处理粪便；二是将畜禽污染物集中进行

山西省万荣县黄河滩区待收割的玉米和高粱

固液分离，利用烘干技术将固体废弃化进行有机肥生产；三是若养殖场的规模较小，未能建立处理畜禽污染物的设施设备，则会选择将污染物排放到乡村环境中，造成严重的耕地、水源等非点源污染。对于农药化肥和地膜等形成的污染，治理方式为：一是推广有机农药和化肥进行农业生产，实现清洁农业生产；二是通过基层农业科技人员引导农户合理施用化肥农药，最大程度降低化肥农药的污染；三是投入资金设立地膜回收站，将农户生产之后的地膜有偿回收进行处理后实现再生产，从而降低“白色污染”的影响。

2. 农村生活污染治理现状

我国长期存在着城乡二元割据的局面。城市关于环境污染治理的设备设施均领先于乡村地区，尤其对于交通不发达、地处偏远、经济落后的乡村地区，地方政府未能及时建立相应的污水、垃圾处理设施。该类地区的乡村居民往往会将生活垃圾直接倾倒在村庄附近，污水随意排放，造成乡村生态环境恶化。目前，黄河流域九省（区）中，乡村社会经济发展得较为良好的地区，如河南、山东等地，人口密集、城镇化率高，且乡村居民环保意识强，建有

晋南黄河岸边的生态民居

黄河洛阳孟津段，碧水清澈，生态宜居

较为良好的垃圾、污水处理设施设备。有的地区还实行了乡村生活垃圾分类处理回收，有效地保护了乡村环境，实现了乡村生态宜居的目标。

3. 对策建议

（1）提高思想认识，增强生态环保意识：良好的生态环境是农业生产实现可持续发展的前提条件，也是新农村建设的必然要求，要提高人们对农业污染危害性的认识，牢固树立为

子孙后代造福的历史责任感，深入广泛地开展不同形式的农业环保知识宣传，提高全民农业环境意识，增强全民保护农业生态环境的紧迫感和责任感，动员全民积极主动参与环保活动。各级政府和社会要正确处理经济、社会和生态环境三者之间的关系，并通过各种手段加大农业生态环境保护力度，大力倡导绿色出行和低碳经济，促进资源节约，实现农业生产可持续发展的战略思想。环保部门要从治理污染源头入手，标本兼治，控制和消除工业“三废”排放，减少土壤污染、大气污染、水污染和废弃物污染等。要通过工业产业调整和产品结构升级，改善能源结构，降低污染物排放。淘汰落后工艺，对超标污染源依法整治和处理，推进清洁生产，实现节能降耗和达标排放。

（2）加大资金投入，保护农业生态环境：各级政府和有关单位要认真落实环境保护法、水污染防治法、大气污染防治法、固体废弃物防治法和清洁生产法等法律法规，多形式、多渠道、多层次筹集资金，大力开展农业污染状况普查与系统调查，加大农业污染综合治理力度，改善农业生态环境条件。要加大生产投入，加快农田水利基础设施建设，夯实农业发展的基础。全面实行农田基本保护制度，严肃查处侵占、乱占耕地等违法行为，加大对耕地的保护力度，防止耕地资源的流失。在保证粮食安全的基础上，合理规划和实施退耕还草及退耕还林，减少风沙、水土流失等灾害对农业造成的危害。加快中低产田改造，通过种植绿肥、增施有机肥和科学合理地使用化肥等技术，改良土壤，培肥地力，促使农业生产的可持续发展。

昔日的黄河下游滩区（林桐松 摄）

如今的黄河下游滩区

（3）建立科学合理的农业生态系统：根据自然生态条件和发展现代农业的实际要求，在兼顾眼前利益和长远利益、局部利益和全局利益、经济社会效益和生态效益的前提下，建立独具特色的可持续发展的农业生态体系，取得最大的生态经济整体效益，促使农业生产的可持续发展。逐步加大对农业土地、水资源、森林、草地、生物等资源进行合理开发利用，并且把开发利用、保护治理、资源增值三个方面有机结合起来，使有限资源得以可持续利用，使可再生效益获得更多的增值。在秸秆的处理上，提倡秸秆直接还田，利用秸秆青贮作为牲畜饲料，发展秸秆沼气，禁止露天焚烧或随意弃置。畜禽生产要遵循资源化、减量化、无害化、生态化的原则，积极发展集约化生态养殖业，建立畜牧生态养殖小区，提高粪便资源化综合利用效率。

（4）发展生态农业，走良性循环之路：生态农业是指在经济和环境协调发展原则下，用生态学原理指导农业生产，使农业与资源、环境及相关产业协调发展，强调因地、因时制宜，合理布局农业生产力，取得最大的生态经济整体效益。要按照建设现代农业和社会主义

甘肃省皋兰县黄河岸边万亩设施农业基地

新农村的总体要求，以市场为导向、效益为中心，坚持发展与保护同步，充分利用本区农业资源，因地制宜建立资源综合开发利用、良性循环的生态农业体系，促进农业生产和生态环境的持续稳定协调发展。同时，要更加注重生态农业技术的研究、应用和推广，发展无公害农业和有机农业，通过建立绿色食品和有机食品生产基地，提高绿色食品和有机食品生产的规模化、集约化和专业化水平，既有利于保护生态环境，增进人民身体健康，又有利于推进农业产业化进程，促使农业生产的可持续发展。

（5）加强科研攻关，提高环保科技含量：农业环保工作是一项农业和农村经济持续发展的重要措施，更是一项事关社会民生的系统工程。要在搞好农业生态环境质量普查和监测治理的基础上，进一步加大科技投入，加强农业环保科学研究。一方面，大力推广应用农业环保技术，比如推广应用秸秆还田和综合利用技术、节水灌溉技术、病虫害综

宁夏黄河两岸引黄灌溉的枸杞田

合防治技术，保护天敌；推广使用高效、低毒、低残留农药和生物农药；推广使用有机肥，科学合理施用化肥；推广易分解、无污染地膜，及时回收残留地膜和塑料制品，综合利用农业废弃物；对生活垃圾、畜禽粪便综合处理利用，加大农村清洁工程示范村建设，建立高效农业生态环境安全预警系统，不断提高农业生态环境建设的科技含量。另一方面，要加强农产品安全生产技术标准和关键技术的攻关研究，逐步建立和完善农产品生产、环境、贮藏、加工、监测、过程控制等技术标准体系和产品质量标准体系，推广农产品标准化生产，切实加强农产品质量安全管理，为提升农产品质量安全水平提供强有力的技术支撑。

四、全面推进黄河流域美丽乡村建设

在城乡统筹发展的背景下，政策是乡村发展的主要动力。2013 年《中共中央国务院关于加快发展现代农业进一步增强农村发展活力的若干意见》第一次提出了建设美丽乡村的奋斗目标，指出进一步加强农村生态建设、环境保护和综合整治。当前，国土空间规划指导下的村庄规划已经开展，新时代村庄规划是在空间规划体系下，在多种冲突与融合的基础上，以最小的行政单位——村为单元，从全局角度，详细规划、安排生产、生活、生态等空间。如何在国土空间规划的框架中完成新时代的村庄规划，通过村庄规划促进乡村振兴，需要充分了解传统乡村聚落的形态演化和人民的需求。

1. 注重科学规划，加强领导管理

乡村人居环境的优美度是衡量生态宜居的一个重要指标，其中保障自然生态和人文生态良好是生态宜居建设的核心要素，也是建设过程中最重要的出发点（冯旭，2021）。因

九曲黄河岸边民居

黄河怀抱里的村庄——南长滩拓跋寨

此，必须加强生态环境保护，拓展乡村绿色生态空间，提升乡村生态系统的有序性。以分类施策、总体实施为原则，以城乡区域内的空间分布变化规律为重要的指导因素，以乡村生态功能定位为基础，以乡村生态环境的突出问题为重点，分区、分片地对乡村生态环境与人居生活环境进行总体维护、系统恢复和科学整治。相关部门需要在日常发展过程中着力形成以政府为龙头、企业为主导、社会机构与公民群众共同参与的乡村绿色管理体制，以恢复城乡生态系统平衡，实现乡村总体布局优化、产业综合功效增强的目标。

2. 创新管护机制，落实公共服务

乡村的公共服务和基础设施建设是宜居乡村的重要基础。首先，要完善基础设施投资和长效管护机制，建立相应的管理体系。其次，要充分体现社会主义民主精神，以民众的满意为出发点和落脚点，形成对决策过程负责、对业务成果负责、对社区负责人负责的问责制度。最后，要对室内活动安排专业人员进行管理，及时进行有效的宣传，为乡村公共活动室的开放提高知名度，从而确保活动室的各项功能可以充分发挥出应有的作用。

3. 激发内生动力，培育人才共建

人员是顺利推进宜居村庄建设的关键，对存在观望心理的广大乡村居民而言，要改变传统的工作方法，更加主动地向群众传达乡村环境保护的重要意义和政策。

乡村居民是美好乡村建设的主体，在美好乡村建设过程中，若不能充分发挥人民群众的主体作用，美好乡村建设将难以为继，所以需要进一步解决乡村居民在乡村建设中的参与问题。具体措施如下：第一，相关部门需要加大宣传力度；第二，做好乡村居民的动员工作，坚持由村干部牵头，利用农闲时节组织乡村群众进行公共服务的义务劳动，以提高乡村群众的集体意识；第三，惠及广大乡民群体；第四，倾听群众的建议，举行群众大会，广泛征询群众的意见和建议，不把他们当成局外人，这样居民的社会责任心和使命感才会明显提高。

4. 注重特色取胜，避免千篇一律

生态村的建设必须适应景观结构，保持“乡村美学”，使乡村景观的发展回归稳定健康的道路。一是要“加”，强化规划设计原则，科学规划村庄成长坐标，开展生态村更新，坚持“千村示范、万村改造工程”，不参与“业绩工程”“形象项目”。二是要“减”，减少随意推广的外在模式。在建设和发展过程中，应废除外在工程，只有乡村建设的环境容量与社会承载能力相匹配，才能够成为美丽乡村发展的重要基石。另外，对于村内的传统建筑，也应该挖掘其中的文化元素，并且对其进行保护与修缮，从而进一步通过融合当地文化、人文、自然历史遗址和资源，建立新型乡村审美体系。

5. 开发特色文化资源，促进乡村经济发展

在乡村振兴的发展过程中，文化传承与发展密不可分，在积极培育乡村文化资源的过程中，推动文化产品与文化场馆的建立，从而更好地促进乡村经济的发展。另外，在进行乡村文化遗产的管理工作时，需要根据实际情况对相应的传统街道等进行维护与管理。只有综合利用乡村区域特色的文化、物质遗产，才能够在美丽乡村的建设过程中将文化传承、发扬起来。

兰州西固河口镇黄河风光及周边丹霞地貌

九曲黄河第一镇——山西省临县碛口古镇

经典案例

一、补齐产业短板，构建合理农业产业布局

（一）山东省济宁市贾堌堆村

1. 乡村概况

村庄位于山东省济宁市梁山县大路口乡，距乡政府500米，西邻342国道，交通位置便利。村庄东距东平湖3千米，北距黄河5千米，黄河水自西向北环绕村庄。贾堌堆村是一座有着五千年历史的古村落，是国家AAA级景区，居民262户，共877人。2019年7月28日，贾堌堆村入选首批全国乡村旅游重点村名单；2019年12月12日，入选2019年中国美丽休闲乡村名单；2019年12月25日，入选国家森林乡村名单。

贾堌堆村西部的贾堌堆遗址是龙山时期至东周时期的古文化遗址，承载了深厚的黄河文化底蕴。考古出土了大量龙山时期的陶器，具有山东龙山文化和河南龙山文化的特点，有着较高的历史研究价值。

2015年，政府聘请上海同济大学规划专家，保护修复贾堌堆村中的黄河人家、黄河滩区、黄河遗风景观，调动听觉、视觉、触觉，打造行走的黄河文化体验基地，并结合沙沃里村、大张村等自然景观建设贾堌堆农家寨乡村旅游示范景区，挖掘黄河文化及地域文化的内涵。规划中以黄河文化及水浒文化为魂，定位为“龙山古寨、花海田园”，建设了民俗街、陶艺体验园、农耕博物馆、农家民宿区、花海等主题景观，完成了民居整饰、街道提升、植物绿化等基础设施建设。新建休闲观光农业基地、新时代文明实践中心等建筑，最大限度地

保留村中巷道、古井、旧屋、老树、茅草屋、碾子、坑塘等的原始布局，在尊重自然的基础上，保护生态文明、传承文化内核，使贾堌堆村从原来的“空壳村”，发展成为一个有文化、有品位的乡村文化旅游村。

2. 乡村特色分析

在规划中，贾堌堆村的建筑保留砖砌主体结构，在墙壁外部用仿土水泥做装饰，墙裙使用碎石拼接，居民屋顶铺满茅草，还原古老村寨的样貌；村内主要道路和节点空间的铺装以青石板和碎石为主，尺寸和大小不同，主要道路分为人行道、车行道，并用各异的铺装加以区分，道路两旁以乔木、灌木、藤本植物作合理的搭配，具有良好的景观性和功能性。

村子的中心为民俗一条街，串联了陶艺体验园、古戏台、老水车、农耕文明博物馆、花海等景观节点。贾堌堆作为千年古陶文化的遗址，将陶文化以制陶体验、陶文化展示、陶艺展览等形式展示给游客，使游人在观赏、体验中回味五千年的文明。古戏台为水上戏台，上书“东夷之光”四个鎏金大字，歇山式屋顶，每逢周末或节假日都有戏曲表演，主要以传唱枣梆戏为主。秀才大院是在原有遗留建筑的基础上进行修复的，修复后的建筑砖、石、土相结合，充分体现了黄河下游乡村建筑的风格。民俗博物馆展示了黄河流域下游鲁西南地区优秀的物质文化及非物质文化遗产，如剪纸、嫁娶文化等。在中秋节等固定节日，村里会举办庙会，十里八乡的村民都会赶来参加，同时还举办斗鸡、斗羊、秧歌、舞狮等传统民俗活动，观众众多。

贾堌堆片区转变传统农业的发展模式，结合当地自然环境条件，形成规模化经营。种植黄桃100公顷、草莓33.33公顷，发展休闲观光农业，同时带动旅游产业的发展；成立农业合作社，建设60个规范化木耳大棚，带动500余人就业；种植马鞭草、向日葵、二月蓝、油菜花、波斯菊等近百种观赏花卉，建设了向日葵迷宫、花海驿站等十余处景观建筑，使游客不仅能体验到农作的乐趣，还能观赏到绚丽的花海。

贾堌堆片区共有3个入口，每个入口都独具特色。主入口为砖砌的石拱门，上有木柱、茅草搭设的瞭望台，是寨文化和农耕文化结合的产物。民居建筑外植物绿化较为丰富，乔木有杨树、国槐、白蜡、栾树、石楠等；灌木有蔷薇、迎春等；藤本有地锦、凌霄；花卉草本有鸡冠花、雏菊等。村中的水系引自黄河水，使黄河水入村、入渠、入塘，并栽植水生植物，修建两处水上凉亭，池水清澈。

片区内排水系统完善，道路两旁有明沟和暗渠，水流随地形直流而下，取黄河水而设人工喷泉。

3. 小结

（1）丰富多样的旅游体验：通过政府和规划者统筹考虑各大旅游要素，设置多样的旅游景点，调动触觉、听觉、视觉、嗅觉等多种感官，达到传承黄河文化的目的，并满足不同年龄层次、不同阶段、不同类型的消费需求，增强旅游设施的功能性，建设成为一个集吃、住、行、游、购、娱为一体的系统服务体系，在带动经济发展的同时，为乡村文化注入新的活力。

（2）深挖文化内涵，发展文化旅游业：贾堌堆片区深挖黄河文化内涵，运用景观美学等理论，使黄河文化与地域文化相融合，大力发展文化旅游业，深入挖掘人文资源，树立品牌特色。通过多种渠道促进旅游产业发展，提高地方影响力，同时提高景区工作人员服务水平，完善基础设施。

（3）产业多元化发展：贾堌堆片区在景观规划中，以文化为抓手，引入休闲农业观光旅游理念，将产业观光、生态民俗与旅游融合，让乡村旅游不只是游览风景，还能感受乡村特色文化，体验乡村各式各样的产业流程，在旅游过程中感受乡村蓬勃发展的氛围。

（二）陕西省渭南市雷南村片区

1. 乡村概况

雷南村片区包括福佑村、雷南村和华原村，位于陕西省渭南市大荔县范家镇政府东2千米处，东临黄河。福佑村始建于明嘉靖年间，雷南村始建于清乾隆年间，华原村原名雷村，后因居华原山下，故更名为华原。华原村在古时是黄河流经之地，后因改道使黄河水退到几千米之外。福佑村在2015年被评为全国生态文化村；片区中心福佑古寨被评为国家AAA级景区，是观赏黄河湿地景观的绝佳位置，也是享受渔家风情的首选之地；片区东部靠近黄河处建成了53.33公顷绿色无公害果业基地和高标准现代渔业园区，自然风光和人文风光丰富（亢娟，2018）。

福佑村、雷南村村落呈L型布局，观光台建在黄土台塬上，可俯瞰华原村，民居上各种字体的“福”字构成了百福图的大地景观。华原村又称为“多彩渔村”，分为七色功能区，黄色为黄河风情文化区，红色为“福”文化区，绿色为亲子自然区，青色为民俗生活区，蓝色为科技前沿区，紫色为爱情主题区，橙色为时尚动漫区。多彩装饰的福佑古寨充分展现了人与自然的和谐关系，突出“天人合一”的意境。

2. 乡村特色分析

雷南村片区主要的建筑形式保持砖、瓦等主体结构，华原村对墙面、屋顶进行涂鸦，涂鸦的内容突出了黄河沿岸民俗文化，如春节“拜年”、村民捕鱼等场景，村庄道路多为水泥路，主要道路较宽，为5米，家家户户门前栽种两棵柿树，象征事事如意。

经过村中的沿黄公路，设置塑胶跑道，不仅供游客驻足观看黄河滩地自然风光，也成为大荔县马拉松的必经之地。

对雷南村片区内的沟坡地进行立体绿化，达到了绿树荫荫、四季常绿的效果，林木覆盖率达70%以上。华原村响应国家号召，改善黄河湿地自然生态系统，吸引大量的野生动物，如斑头雁、白鹭等，对保护生物多样性和生态环境起着重要的作用。黄河滩区分区块管理，以养殖水产品和植荷为主。

华原村依托黄河湿地这一有利条件，紧紧抓住“黄河渔业”这个特色，以虾、鳖、黄河大闸蟹、龙鳅、黄河鲤鱼等水产品养殖作为渔业产业。华原村水产品的主要销售途径为直接与加工厂联系并出售、市场出售、旅游带动渔家乐销售等。

大荔冬枣最为有名，在雷南村片区冬枣也成为其支柱性产业。冬枣生产区属暖温带半湿润、半干旱季风气候，具有较丰富的光热资源，昼夜温差大，年降水量适中，土壤类型以黏质壤土为主，有机质丰富，保墒性能好，适宜冬枣生存。

对古城墙进行重建，建有仿古城墙、观光亭、祈福塔、观光台等景点，站在祈福塔上不仅能观赏到万亩黄河湿地景观，还能观黄河、华山、山西的中条山。

对药王洞遗址进行修复，每年“二月二”“九月九重阳节”都会举办庙会，村民可来此祈福，同时也举行诵读祈福词、名家书画赠送、进药王庙许愿祈福等活动。药王庙祈福是黄河文化的重要活动。

福佑村文化气息浓厚，有福佑书法院、字画装裱店，华原村有民俗博物馆，展示了农耕文化、民俗文化，如面花、皮影、剪纸、黄河泥塑、核桃微雕等。在福源码头，不仅可以体验垂钓、黄河摆渡等活动，还能品尝到大荔的特色饮食，如九品十三花、炉齿面、带把肘子等。

冬季渭南大荔黄河湿地滩涂

大荔冬枣

3. 小结

开发适应性的产业。华原村位于黄河滩区，有万亩黄河湿地，运用景观生态学理论，依托于自然资源、人文景观，开发适应性的旅游产业，发展湿地旅游、黄河渔业，并通过墙面涂鸦等艺术性的手法，使文化的传播可视化。

与周边著名景点联合打造景观游览线路，把福佑村、雷南村和华原村的相关资源进行整合，打造依托于黄河的旅游风景区，并结合不同的旅游资源，进行合理的功能分区，打造观黄河、听黄河、用黄河的特色旅游。

二、村集体组织带动，构建综合发展模式

（一）山西省吕梁市李家山村

1. 乡村概况

李家山村位于山西省临县碛口镇，西望黄河，南临张家山村，北接陈家塬村，距碛口古镇3千米，地处黄土高原地区。李家山古村保留了较完整的明清窑洞建筑群，是传统特色的山地民居形式，村落整体形似凤凰，建筑依山而建，错落有致，被称为黄土高坡上的“布达拉宫”。李家山古村窑洞建筑与坡地完美融合，最终形成立体交融式的乡土建筑，蕴藏着丰厚的黄河文化和黄土民情风俗，是黄河岸边黄河文化的一个活化石。李家山村曾被评为中国历史文化名村，并列入第一批中国传统村落名录。

2. 乡村特色分析

村落依地形形成“一体两翼+两沟四坡”的村落布局，中部的梁体主要由窑洞、宅院等各种类型的民居建筑组成，两侧形成多达九层的民居建筑群。窑洞以简朴的靠崖窑为主，随着经济的发展，锢窑的技术已然成熟，又因锢窑较便利、美观，因而修建的村民越来越多。砖拱明柱夏檐院落是李家山民居院落的典型样式，比较富裕的人家院落空间较大，一面是靠崖窑，左右两面是砖锢窑，形成整体院落，每个窑洞左右两侧设有石梯，连接上下两层空间，整合民居院落（杨眉 等，2018）。建筑的整体色调以黄土色为主，尽显黄土大地的本色。窑洞建筑是黄河文化中重要的民居载体，李家山村因黄河航运而发家，村落中形成的独特景观又极大地丰富了黄河文化的内涵，它们相互联系、相辅相成。

李家山村窑洞群

村中街巷整体骨架分为顺山体等高线展开和垂直于等高线连接两种形式。顺山体等高线展开多为“之”字形走道；垂直于等高线连接，有依托自然山体而建的坡道，有人工砌筑的台阶。独特的是利用窑洞的顶面形成平台，街巷一旁有镶嵌陶罐的院墙作为装饰（范霄鹏等，2018）。

村中石碾和石磨的数量较多，分布在庭院和公共空间内。石碾体积较大，需要牲口拉动，可加工小米、麦面、炒面、核桃油等。石磨石碾分布在广场，作为一个景观点，可供游客拍照。

李家山村中广场多与街巷相连，是村民聊天、做农活的地方。此外也有艺术家、学者、学生等在此写生，使之成为有名的写生基地。

在战争时期，李家山剧团随军做文艺演出、文艺宣传，走遍了晋陕解放区，鼓舞士气，传播革命的思想，为抗日战争贡献了自己的力量。《赤叶河》因演出优秀曾受到嘉奖。如今剧团虽然解散，但每逢节庆、婚事之日鼓乐队仍有演出。

3. 小结

发展目标明确。李家山村充分利用黄河文化中的窑洞建筑艺术，重现古时窑洞的质朴，体现黄土高原的地域特征，合理保护、绿色开发、有效利用、发展目标精准，契合自身资源优势。

建筑的保护与利用。李家山村的窑洞建筑是黄土高原人与自然和谐相处的产物，著名画家吴冠中先生曾多次到访此处，称这是与世隔绝的世外桃源。近年来，为了旅游开发，李家山村进行了道路整修和房屋修缮，修缮后的民居建筑并没有受到过度商业化的侵害，较好地保留了原来的风貌和古韵，具有较高的研究价值。李家山村也成为众多写生爱好者和摄影者的青睐之地，具有浓厚的艺术气息，这也从另一方面反映了村民对村落文化的认同感。

（二）甘肃省白银市小黄湾村

1. 乡村概况

小黄湾村位于甘肃省白银市平川区水泉镇，距平川城区25千米，距水泉镇镇区10千米。小黄湾村始建于明朝，与道教圣地北武当景区隔河相望。村域三面环山，一面被黄河所包围，是“河—石—田—林—山”相结合的古村庄，保留有数棵百年的梨树、杏树等，并遗存多处古遗址，自然生态风貌保存完好。村中现有居民262户，954人。小黄湾古村落以村落、田园、林木、黄河、峡谷等山区古村落特色为基本要素，深入挖掘当地黄河文化、丝路文化，以自然生态为引领，以历史文化为主线，打造黄河渡口第一景、黄河风情岸、黄河水车、红砂岩门户空间、七星广场、太极祥云主题雕塑、丝韵古道等景点。2019年12月25日，被国家林业和草原局评为国家森林乡村，2020年被评为甘肃省乡村旅游示范村。

2. 乡村特色分析

小黄湾古村充分发挥自然生态和文化资源优势，从传统的农业和外出务工到旅游业，全面响应新时代乡村建设的号召，从穷乡僻壤到现在的旅游村，摸索出一条适合地域发展的有效道路。

鹯阴古渡口是黄河著名的古渡口之一，也是古丝绸之路黄河北道通往西域的重要渡口之一。在当今，鹯阴古渡口不仅作为当地村民出行的渡口，还承担着游客游览观光的功能。

乘船到小黄湾村会看到“小黄湾古渡口”的标志牌，上岸后可见太极祥云主题雕塑广场，广场上有形似三棱锥的雕塑，雕塑三个面分别镌刻了描绘黄河渡口文化、丝路文化、农耕文

小黄湾红砂岩石

化的浮雕，锥体上方展现了两个人打太极的场景，象征天地相互转化，相互推动。这些文化都受黄河这条大河的哺育，是黄河所传达的文化内涵。

红砂岩石壁、黄河岩画、福寿山摩崖石刻等是黄河流域人类和大自然遗留的文化遗迹。黄河岩画最早可追溯到青铜时代至铁器时代，北山羊、大角鹿、马、鱼等图案，生动地记录了古代游牧民族的生产生活状况；丰富的红砂岩石壁经过大自然的精心雕琢，造型奇特，独具神韵。

沿栈道而行，可观看与当地文化相关的特色景点，如赵冲试剑、鱼跃龙门、通天洞、锁桩洞等。兰州水车是黄河文化重要的组成部分，是兰州市黄河沿岸最古老的提灌工具，兰州的水车制造工艺目前已被列入第一批国家非物质文化遗产保护目录。

小黄湾村的村民有崇拜古树的习俗，当家中有灾祸时，在古树上挂红便是一种精神寄托。村中的古树有百年的历史，人们把梨树、枣树等可结果的树木称之为“高田”，象征着空中的田地，有一份敬仰之情。如今在丰年时，果树可有2000千克左右的产量，既让人感叹生命力的顽强，亦体现了古老遗迹的价值。

入村的主要道路为“驮水路”，路面采用当地特有的红砂石材铺地，天然朴素。道路两旁栽植有云杉、侧柏、樱花、碧桃等乔木，与灌木、草本搭配种植，高低错落。植物中间穿插有千姿百态的石刻动物头像，以增加道路的趣味性。

鼓励引导有条件的农户发展以“吃农家饭、住农家院、摘农家果、干农家活”为主要内容的体验旅游，现有农家乐12家，摊点16家。种植有瓜果、草莓、绿色蔬菜，发展休闲采摘农业，农产品自产自销，形成产业链。其中醋最为有名，有五星养生的纯粮醋系列、草本养生醋系列、玫瑰花香醋以及用醋做的副产品。此外还有屈吴山原生态的山羊肉和自产自销的藜麦蛋糕、红石板烧锅盔、黄河鲤鱼、酿皮等。

3. 小结

乡村文化的挖掘与特色品牌的打造。小黄湾村曾经交通闭塞，劳动力缺乏，生活条件较艰苦，但现在已经成为国家森林乡村。该村依据自身地理条件、自然资源、人文资源等优

黄河水车

势，通过调整产业结构，挖掘适合自身特点的文化和品牌亮点，充分利用自然遗迹发展旅游业，如渡口、黄河风情岸、黄河水车、黄河红砂岩石雕等；并挖掘特色农产品藜麦，进行产业升级，把农产品做精、做优、做特，通过政府宣传和旅游推广提高知名度。另外，生态环境的保护与发展，提升了村容村貌，做到了生态、产业和文化相结合。

政策的引导和乡村环境保护与开发。小黄湾村从古至今就有深厚的文化资源，村民有与生俱来的文化自豪感，对生态环境一直保持敬仰之心，保留有千年的古树。政府通过政策的引导和乡村资源的开发，使乡村生态环境的保护与旅游资源的开发相互协调。

第四章

黄河流域产业转型升级与绿色发展

产业转型升级和绿色发展滞后已经成为黄河流域与全国发展不平衡、自身发展不充分的突出表现。产业结构优化升级，既是有效协调黄河流域经济发展与生态保护关系的根本途径，又是推动黄河流域高质量发展的重要环节。

黄河流域产业结构概况

黄河流域是中国区域经济的重要板块和人口密集区，也是国家重要的能源原材料基地、粮食主产区。经过历史上的长期开发，尤其是近几十年的建设和发展，黄河流域在工业化和产业基地建设方面取得了巨大成就，基本上形成了有利于未来发展的国土空间开发结构和经济社会格局。但也由于资源过度开发和能源重化工产业规模增长过快，造成了区域资源环境压力加大、水资源等关键要素短缺且利用效率不高等诸多问题。

一、黄河流域经济发展与产业结构现状

（一）黄河流域产业结构发展历程

通过统计黄河流域改革开放40多年来的三次产业生产总值及其占国内生产总值（GDP）比重的变化情况，可知黄河流域产业结构发展历程主要分为：①改革开放之初（1978年），黄河流域产业结构存在“二一三”的格局，第一产业占GDP比重34.02%，第二产业占比47.87%，第三产业占比18.11%；②随着改革开放的逐步深入，黄河流域产业结构中第一产业占比逐渐下降，第三产业占比不断上升，到1989年第三产业超过第一产业，形成了“二三一”的格局，第一产业占GDP比重29.29%，第二产业占比41.09%，第三产业占比29.61%；③国家逐步推进供给侧结构性改革，在2016年全流域生产总值达到204 950.37亿元，占GDP比重27.54%，第三产

业占GDP比重首次超过第二产业占比，产业结构初次在黄河流域形成了“三二一”的新格局，第一产业占GDP比重9.13%，第二产业占比45.08%，第三产业占比45.79%。总体来说，黄河流域在产业结构发展历程中，经历了多次较大程度的转变，逐步实现了由第二产业为主体的发展模式向以第三产业为主体的发展模式的转变。

黄河流域历经数十年发展，产业结构发生了翻天覆地的变化。改革开放以来黄河流域第一产业基本处于持续下降的趋势，第一产业比重由34.02%减少至8.44%，近年来下降幅度有所减缓，但占比仍然略高于全国平均水平。改革开放前黄河流域第一产业所占比重较高，改革开放之后该区域九省（区）先后加快农业等现代化改革步伐，第一产业在保持基础地位的同时比重不断降低，与全国第一产业之间的差距显著缩小（图4-1）。

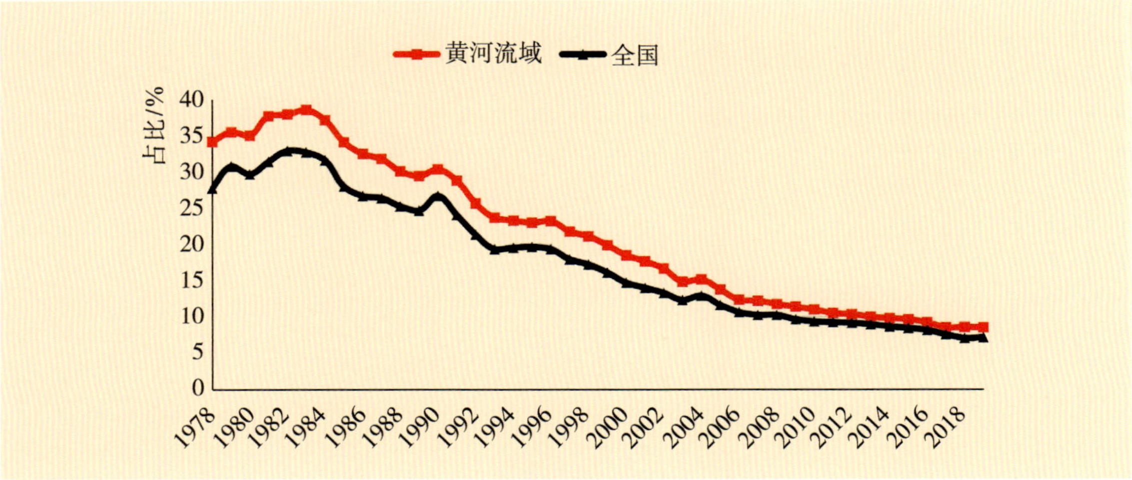

图4-1　1978—2018年黄河流域与全国第一产业占GDP比重变动情况

黄河流域第二产业比重一直较大，保持在40%以上，改革开放后经历了稳步下降、保持相对稳定、持续上升和逐步下降四个阶段。1978年黄河流域第二产业占比已超过全国水平，缓慢降低后在40%附近稳定波动，一直持续到2001年，其间与全国水平相当；2001年以后，第二产业占比持续加大且增速较快，2011年超过全国水平，达到最大；随后近10年逐步下降，2019年仍略高于全国水平（图4-2）。

从整体变动趋势来看，黄河流域第三产业比重持续增加，由1978年的18.11%上升到2019年的50.68%，上涨幅度高达32.57%，第三产业占GDP比重与上升趋势跟全国水平基本一致。然而，二者差距在2010年达到最大，之后快速缩小，但占比仍低于全国水平。由此可见，黄河流域整体经济工作着力点在向第三产业转移，经济发展质量逐渐提高。黄河流域在数十年的转型与探索过程中，其三次产业经济发展整体态势良好，产业结构也一直处于优化升级当中(图4-3)。

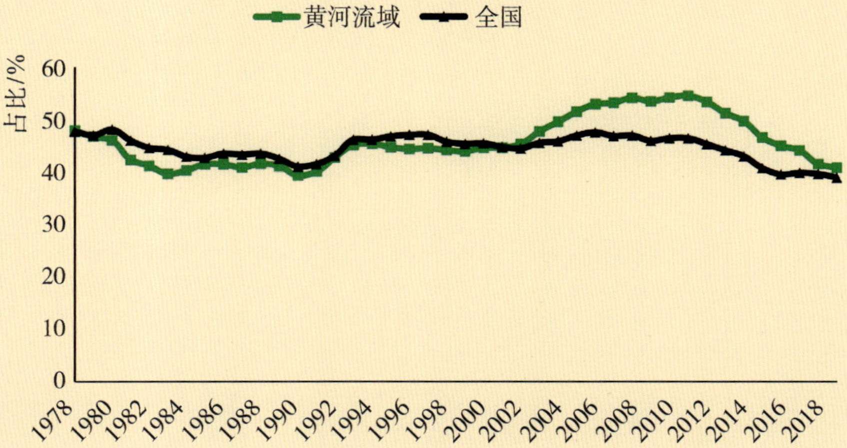

图4-2　1978—2018年黄河流域与全国第二产业占GDP比重变动情况

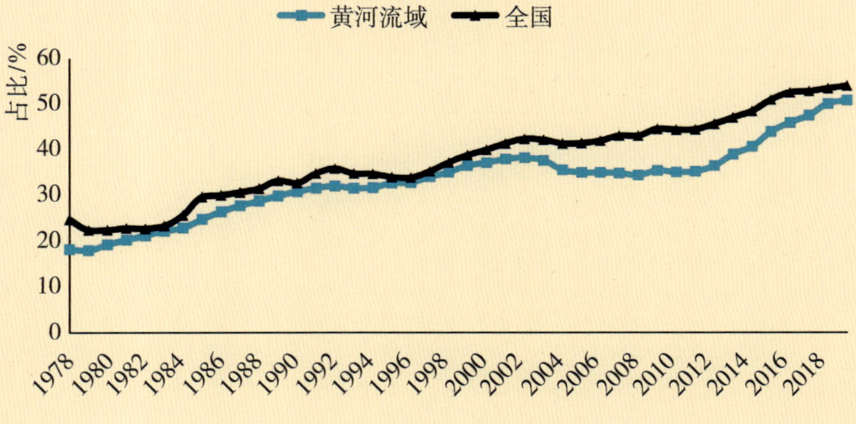

图4-3　1978—2018年黄河流域与全国第三产业占GDP比重变动情况

(二)黄河流域产业结构现状

1. 黄河流域产业结构综合评价

2006—2019年黄河流域经济在“体量”越来越大的同时，经济“体型”和“体能”也越来越优、越来越强。“十一五”时期三次产业结构比重由2006年的12.31：52.94：34.75调整

甘肃黄河石林公路奇观

郑州桃花峪黄河中下游分界点处的黄河公路大桥

为2010年的10.94∶54.20∶34.86，第一产业比重下降1.37%，第二产业比重上涨1.26%，第三产业比重上涨0.11%。2006—2010年第一产业增速14.17%，第二产业增速19.37%，第三产业增速18.57%。“十二五”时期三大产业结构比重由2011年的10.45∶54.55∶35.00调整为2015年的9.57∶46.65∶43.78，第一产业比重下降0.88%，第二产业比重下降7.9%，第三产业比重上涨8.78%。2011—2015年第一产业增速4.92%，第二产业增速3.27%，第三产业增速14.04%。“十三五”时期三次产业结构比重由2016年的9.13∶45.08∶45.79调整为2019年的8.44∶40.88∶50.68，第一产业比重下降0.69%，第二产业比重下降4.2%，第三产业比重上涨4.89%。2016—2019年第一产业增速2.89%，第二产业增速2.37%，第三产业增速8.4%。

由此可见，黄河流域第一产业占比及其增速相对较小，产业发展重心逐步转移；第二产业一直是我国GDP构成的“主力军”，无论是GDP占比还是增长速度，都处于绝对领先地位，但目前增速已逐步放缓；第三产业增速虽逐步放缓，但仍然能够看出第三产业已作为拉动经济的主要动力，保持着较快增长态势，逐步成为转型升级主阵地、结构优化主力军，引领黄河流域经济逐步从高速增长迈向“中高速增长、中高端水平”的发展目标，产业结构不断优化升级。

分省区来看，第二产业占比方面，近年来青海省和山东省第二产业占比下降较快，青海省第二产业占比由2006年的74.00%下降为2019年的31.16%，山东省第二产业占比由2006年的57.42%下降为2019年的22.45%。第三产业占比方面，近年来青海省和山东省第三产业占比上升也较快，青海省第三产业占比由2006年的10.93%上升到2019年的57.34%，山东省第三产业占比由2006年的32.82%上升到2019年的57.25%。2019年陕西省和河南省第三产业占比较低，但每年占比也在逐步提高。

2. 黄河流域第一产业现状分析

第一产业为第二产业和第三产业奠定了基础，黄河流域2019年第一产业生产总值为20 870.21亿元，与2006年的7528.73亿元相比，增加了177.21%，说明近年来黄河流域各地已有意识加强以现代科学技术为生产手段的第一产业综合发展，农林牧渔服务业市场潜力显现。

2006年以来，黄河流域农业生产总值占比一直处于超过六成的状态，虽然近年来黄河流域农业比重变化不大，但占比维持在较高水平，说明黄河流域第一产业是以农业作为发展的主要目标。黄河流域牧业在第一产业中的占比始终维持在30%左右，在2008年达到多年来的峰值之后便逐步降低，说明近年来黄河流域在牧业的发展上步伐有所放缓。林业和渔业的占比相对比较低，其中林业维持在2%～3%，渔业维持在5%～6%，多年来变化幅度较小。

四川若尔盖草原牧场

对比2006—2019年黄河流域九省（区）第一产业与农林牧渔业生产总值构成情况可以发现，2013年以来生产总值持续上升但增速不高，山西省是此区域增速较低的省份，7年的平均增长率仅1.81%；发展较好的青海平均增长率也不足7%。

3. 黄河流域第二产业现状分析

第二产业是国家三次产业发展的核心，在黄河流域也有着同样的地位。2019年黄河流域第二产业生产总值101 141.63亿元，相比2006年的32 383.52亿元增加了212.32%。

我国第二产业主要包括工业和建筑业，其中以工业为主体。“十一五”规划以来，黄河流域的工业生产总值占第二产业生产总值的比值平均高达87%，第二产业内工业占比一直维持在80%以上。多年来建筑业生产总值占第二产业生产总值比重持续上涨，但增速并不是很快，工业占比虽有所降低却仍处于主要地位。截至2019年，工业在第二产业占比仍高达82.91%，建筑业仅占18.09%，更加说明工业对黄河流域整体经济快速发展有着重要的影响。

比较2006—2019年黄河流域九省（区）第二产业与工业、建筑业生产总值构成情况可知，山东省的工业生产总值占比最大，但增速逐步下降；建筑业发展状况与工业大体一致，山东省的建筑业生产总值也处于最大优势，但仍存在增速下降的情况；相比之下，青海省第二产业经济发展长期处于劣势。同时，计算可知，陕西省第二产业生产总值平均增长率27.75%，为此区域最佳；最低的山东省也有着8.94%的平均增长率，远远大于第一产业。由此可知，各省份第二产业相比第一产业发展更快更好。虽然“十一五”以来黄河流域的工业生产总值逐年增加，但较多省份在2012年之后均存在不同程度的降低，直接导致了整个黄河流域第二产业增速的放缓。

玛曲黄河大桥

4. 黄河流域第三产业现状分析

第一二产业为第三产业发展创造了先决条件，第三产业的发展也带动了第一二产业的共同进步，它的高度发达是现代国家的标志。2019年黄河流域第三产业生产总值为125 395.78亿元，相比2006年的21 259.19亿元增加了489.84%，占地区生产总值的50%以上，远远大于2006年的34.75%。

从历年来行业生产总值占黄河流域第三产业生产总值的比重来看，排名从高到低依次为批发零售业、金融业、交通运输、仓储和邮政业以及住宿餐饮业。批发零售业占第三产业生

壶口瀑布风景区

产总值的比重在2012年达到最大值之后一直处于下降的状态，且降速较大，但占比仍然处于领先地位；交通运输、仓储和邮政业占第三产业生产总值比重变化非常显著，降低了8.15%；住宿和餐饮业降低了3.25%，占比不大且变化幅度也最低；金融业占第三产业生产总值的比重不断提升，在2019年达到了12.18%。4个行业生产总值之和占黄河流域第三产业生产总值的比重经历了两个阶段：2006—2012年由52.89%上升到56.12%；2013—2019年由53.06%下降到44.44%。然而，4个行业生产总值之和占黄河流域生产总值的比重却持续上升，由2006年的18.38%上升到2019年的22.53%，说明黄河流域这4个行业对第三产业的贡献在50%左右波动，对地区生产总值的贡献度却在持续增强。

对比2006—2019年黄河流域九省（区）第三产业内各行业生产总值的构成情况可知，处于中下游地区的河南省、山东省优势最为明显；中游地区的陕西省、山西省发展状况一直稳定向好；上游地区各省第三产业经济发展实力悬殊。计算可知，四川省平均增长率高达45.45%，表现最好，其次是42.80%的河南省，最低的内蒙古自治区也有24.36%，远大于第一二产业。由此可推断，“十一五”以来黄河流域各省第三产业发展规模持续扩大，体现出黄河流域对第三产业的重视。

黄河流域第三产业目前仍以传统服务业为主，但大部分省区传统服务业的占比呈下降趋势。与此同时，现代服务业不断发展，大型服务业企业仍依托于工业的生产性服务业，其他营利性服务业规模较小。总体来说，黄河流域第三产业的结构层次较低。上游的青海省、甘肃省和宁夏回族自治区3个省区传统服务业中批发零售业与交通运输、仓储和邮政业占第三产业的比重呈下降趋势，同时金融业稳步发展。中游的内蒙古自治区以交通运输、仓储和邮政业以及批发零售业两大传统行业为主，住宿和餐饮业以及金融业体量较小，大型服务业企业仍以依托工业的生产性服务业为主。中游的山西省第三产业中批发零售业产值占比较高，金融业近年来也逐步发展。中游的陕西省第三产业结构较好，没有明显的支柱型产业，批发零售业占比降幅明显，金融业则在稳步发展。下游的山东省和河南省第三产业同样存在传统部门比重大、新兴部门比重小的问题，但内部结构由传统服务业向现代服务业转变的趋势明显，优于中上游省区。山东省第三产业中批发零售业占比最高，传统服务业比重逐年下降，但绝对额实现了稳步上升。现代服务业方面，目前虽然体量较小，但发展后劲十足。河南省批发零售业比重最大。

加快第三产业发展不仅有助于调整产业结构，培育新的经济增长点，拓宽经济发展空间，还可以成为疏导就业需求、缓解城乡就业压力和实现剩余劳动力转移的重要途径。黄河流域第三产业就业人数的占比一直保持持续上涨的趋势，“十一五”以来增加近10%，成为吸纳劳动力就业的主力军。然而，与全国在第三产业就业人数占比的差距却在逐渐拉大。

黄河流域第三产业在吸纳劳动力就业方面仍然具有很大的发展空间。黄河流域第三产业就业人数占比增速处于小幅波动上升的趋势，与2012年以前全国第三产业就业人数占比增速变化基本一致，但随后黄河流域增速并未跟上时代步伐，在2013年与全国增速差距达到最大，近年来逐步缩小甚至反超，2018年的增速达到了自2006年以来的最大值3.73%。总的来说，黄河流域第三产业就业人数占比以及增长速度比较理想，且近年来与全国相比增速较快，不过仍需继续大力投入人力资本，以提高第三产业在黄河流域中的发展速度，争取尽快缩小与我国第三产业平均发展水平之间的差距（图4-4）。

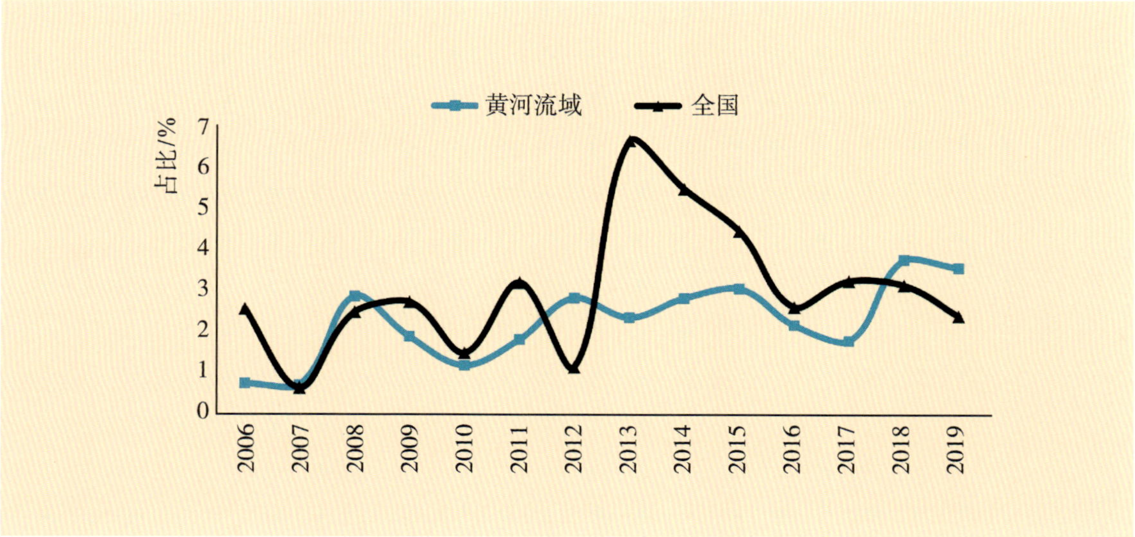

图4-4　2006—2019年黄河流域和全国第三产业就业人数占比增速变化趋势

夕阳下的宁夏黄河楼

二、黄河流域产业发展与生态环境问题

（一）黄河流域产业发展

黄河流域本身生态环境比较脆弱，流域内水资源有限且利用难度大，存在水资源短缺的问题。黄河的大部分河道处于干旱和半干旱区域，同时还存在土地荒漠化和水土流失的问题，枯水期便很容易造成黄河断流的现象。黄河流域以农业生产和基础能源开发及原材料加工业为主的产业结构，一方面能耗高且附加值低的传统产业在工业中仍占据主要地位，尤其中游地区产业链短，能源产品以外调为主，这种发展方式需要消耗大量资源；另一方面在生产过程中排放大量污染物，极易对黄河流域的生态环境造成破坏，又缺乏相应的保护和修复生态环境的投入和机制，使原本就比较脆弱的生态环境面临进一步恶化，同时加大了治理难度，资源和环境约束逐步成为黄河流域产业发展的重要瓶颈。

枯水期的郑州黄河公路大桥

1. 水资源短缺及污染

黄河流域存在水资源严重短缺和水污染并存的问题。黄河流域水资源有限，且利用难度也大，呈现人多水少的特征，人口占全国12%，2018年水资源拥有量仅占10.73%。人均水资源量方面，除了四川省和青海省外，其余7个省区的人均水资源量远低于全国水平。2018年全国人均水资源量为1971.8立方米，黄河流域各省区人均水资源量最低的为宁夏回族自治区，为214.6立方米，其次是山西省、山东省和河南省，人均水资源分别为328.6立方米、342.4立方米和354.6立方米，陕西省、甘肃省和内蒙古自治区人均水资源量相对较多，分别为964.8立方米、1266.6立方米和1823.0立方米。黄河流域有限的水资源主要用于农业生产，部分省区长期以来大量人口生存仅靠依附于土地资源的农业，没有实现非农产业化转移，2018年黄河流域农业用水占总用水量的65.15%，因此实现水资源在农业生产方面的节约利用至关重要。

黄河流域内黄河和主要支流的污染物已超过河流的承载能力，工业污水废水的大量排放、流域的结构性污染及重点河段的空间污染导致了严重的水污染，使得流域内有限且可

枯水期的黄河湿地

以利用的水资源更加短缺。由2009—2017年黄河流域各省区废水排放总量情况可知，下游的山东省和河南省废水排放量最多，明显高于其他6个省区，这2个省区在2016年排放量有明显下降，但2017年河南省排放量又出现了增加，山东省降幅也有所下降；中游省区废水排放量也没有明显减少，陕西省排放量呈上升趋势，山西省和内蒙古自治区近年来废水排放量略微下降但不明显；上游的甘肃省、宁夏回族自治区和青海省废水排放量相对较少，低于10亿吨（图4-5）。

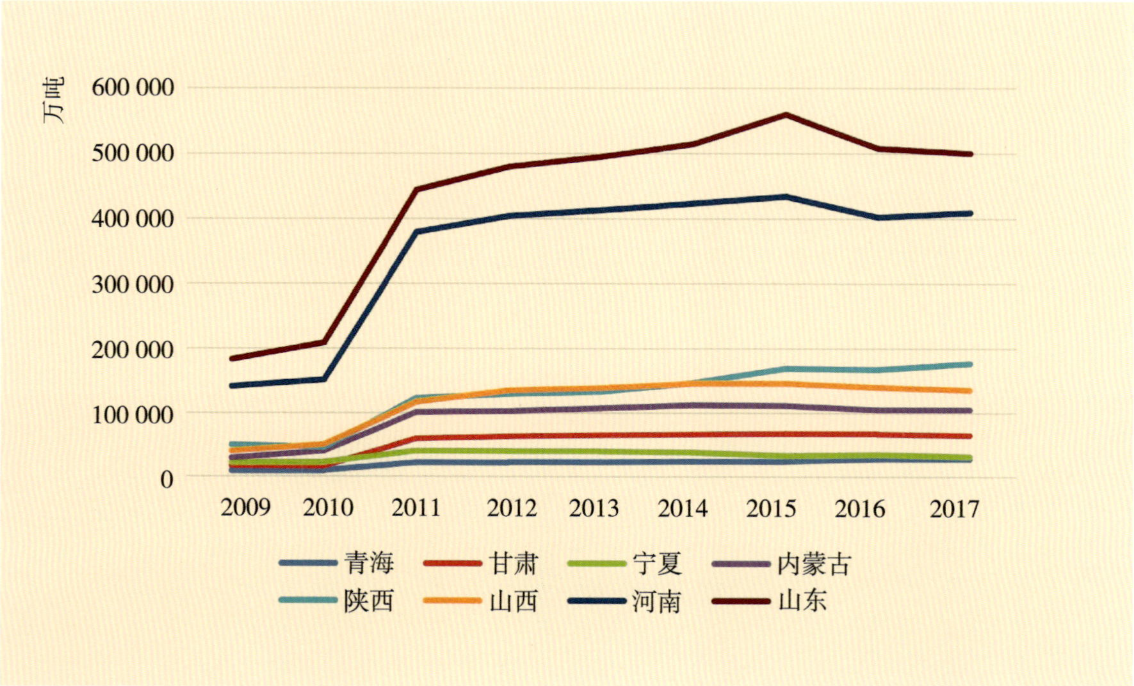

图4-5 2009—2017年黄河流域各省区废水排放情况

2. 大气污染和土壤污染

黄河流域发展严重依赖化石能源，对能源的消耗较高，在工业生产过程中产生了大量的污染物，且污染的控制技术相对有限，使得产业发展对生态环境造成了严重危害。比如，黄河流域以能源原材料为主的工业结构和以煤炭为主的能源消费结构在生产过程中产生了大量的二氧化硫、烟尘等，使得流域内部分城市大气环境质量差，存在以二氧化硫为主要污染因子的煤烟型大气污染问题，加剧了流域的大气环境污染。由2009—2017年黄河流域各省区废气中二氧化硫和烟尘排放量可知，近年来各省区二氧化硫和烟尘排放量不断减少，分流域来看，中下游地区排放量多，上游地区较少。二氧化硫排放量方面，排放量最多的是下游的山东省，紧随其后的是内蒙古自治区。烟尘排放量方面，排放量最多的是山西省，中下游其他省区排放量也较多，依次是山东省、内蒙古自治区、河南省和陕西省（图4-6、图4-7）。

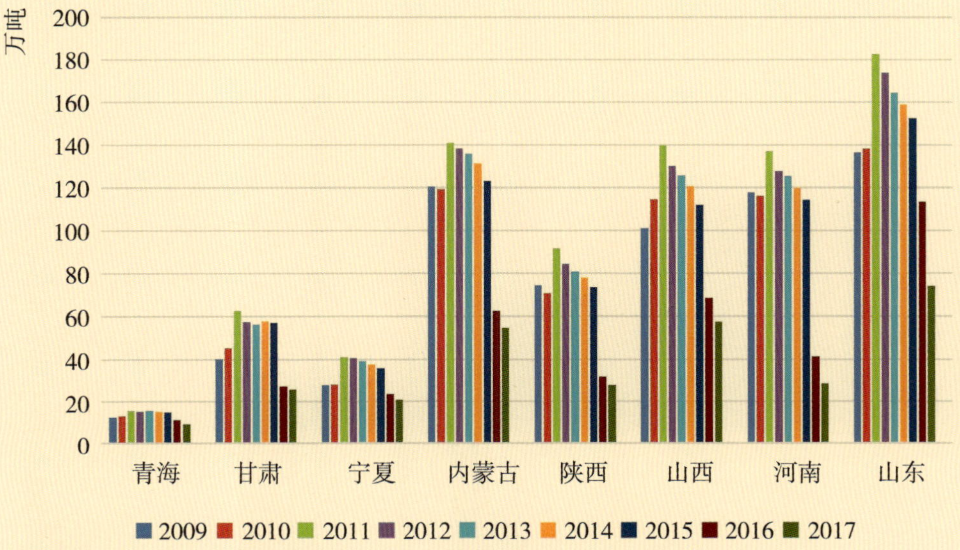

图4-6　2009—2017年黄河流域各省区废气中二氧化硫排放量情况

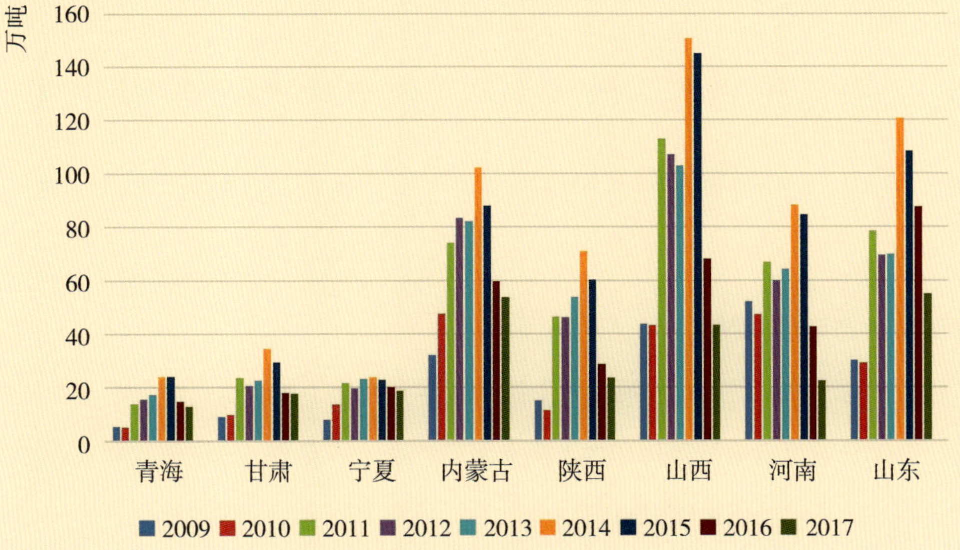

图4-7　2009—2017年黄河流域各省区废气中烟尘排放量情况

工业生产过程中排放的固体废弃物会对土壤造成严重污染，使得耕地面积减少。固体废弃物长期堆积在土壤上，所含的有害物质会逐渐对土壤造成破坏，影响农作物的种植，进一步危害人体健康。由2009—2017年黄河流域各省区一般工业固体废弃物产生量可知，一般工业固体废弃物产生最多的省区是中游的山西省和内蒙古自治区，且呈上升趋势；其次是下游的山东省和河南省以及上游的青海省，山东省呈上升趋势，河南省和青海省近年来有明显的下降趋势；中游的陕西省和上游的甘肃省、宁夏回族自治区一般工业固体废弃物产生量相对较少（图4-8）。

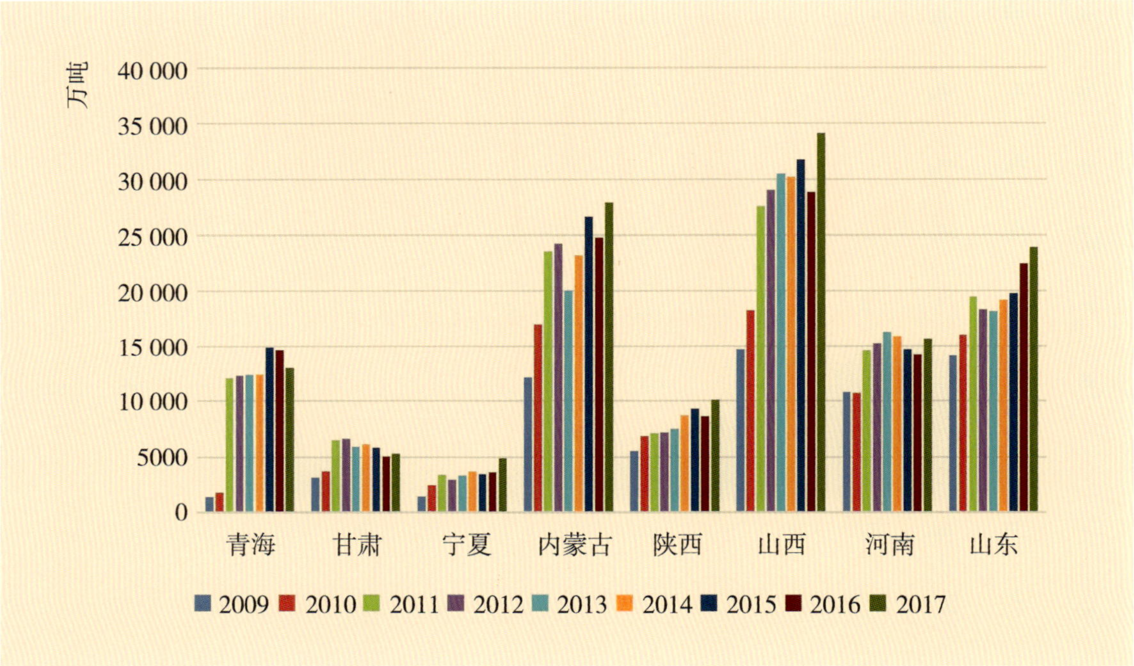

图4-8　2009—2017年黄河流域各省区一般工业固体废弃物产生量情况

3. 分流域生态环境问题

（1）上游土地沙漠化严重：黄河流域上游地区本身气候干燥缺水，加之不合理的产业发展方式，使得部分城市土地沙漠化和水土流失问题严重。一方面，过度放牧和农业开垦对水资源严重浪费，使得部分地区难以阻挡沙尘风暴，导致了严重的土地沙漠化；另一方面，第二产业以金属冶炼、矿产为主，其中存在大量不合理开矿现象，如露天开采等，会破坏植被，使得土壤疏松，进而降低土壤的水土保持能力，加剧土地沙漠化。

（2）中游水土流失严重：中游地区本身植被比较稀疏，土壤抗蚀性较差，加之暴雨集中，是我国水土流失最严重的区域。同时，过度放牧和樵采、轮荒等耕作制度的发展以及粗放式开采能源矿产资源，破坏了地表植被，加剧了生态环境的脆弱性。中游地区的内蒙古自治区、陕西省和山西省能源原材料产值占工业总产值的比重超过70%，点多面广的煤炭开发对地面的破坏，以及开采过程中的废渣弃土没有得到妥善处理，最终成为水土流失的物质源，使得地表侵蚀加剧，导致这些城市土地沙漠化和水土流失问题更加严重。

（3）下游旱涝灾害频发：下游水质受到工业污染和中游地区水土流失的影响，部分地区出现河道堵塞、河床上升等问题，旱涝灾害频发。

总体来说，黄河流域不同地区环境问题存在差异，但形成这些环境问题的核心原因是相同的，一是自身生态环境比较脆弱，二是以能源工业为主的产业结构和需要消耗大量能源矿产资源的发展方式对环境造成了严重破坏。

奔流的黄河水

黄河裹挟泥沙一路而下

4. 污染治理不足

黄河流域各省区经济发展差距较大，且发展规划存在差异，各省区污染情况不尽相同，对污染治理的力度也有所差别。在废弃物的利用方面，以工业固体废弃物利用率为例，2009—2017年黄河流域整体工业固体废弃物综合利用率呈现下降的趋势，这主要是由于工业固体废弃物产生量的增长速度大于利用量的增长速度，对工业固体废弃物综合利用的投入不足导致的。分区域来看，下游的山东省和河南省工业固体废弃物综合利用率较高，其次是上游省区，中游省区综合利用率较低，尤其是一般工业固体废弃物产生量最多的内蒙古自治区和山西省，2017年利用率仅为35%左右。

由2009—2017年黄河流域各省区工业污染治理完成投资情况可知，山东省工业污染治理完成投资额最多；上游地区的青海省、甘肃省和宁夏回族自治区工业污染治理完成投资较少，其中青海省最少，未及山东省的十分之一；中游地区污染较严重的山西省、陕西省和内蒙古自治区2017年工业污染治理完成投资也未达到山东省的一半，污染治理仍需进一步加强（图4-9）。

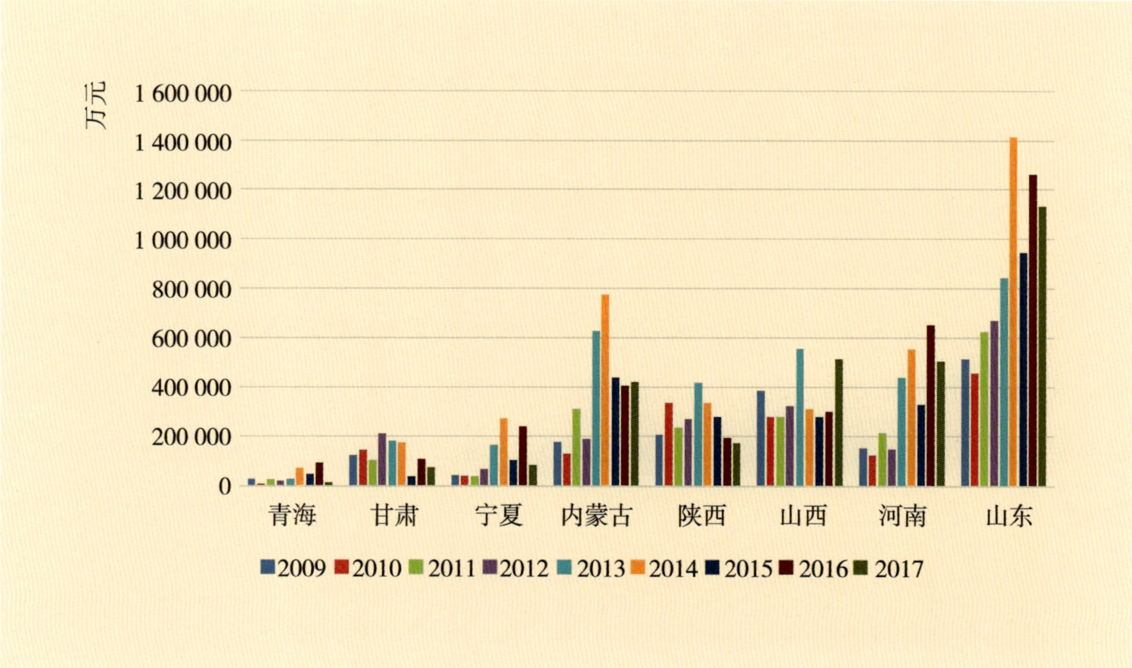

图4-9 2009—2017年黄河流域各省区工业污染治理完成投资情况

（二）黄河流域产业结构存在的问题

1. 第一产业内农业产业链水平低

2019年，黄河流域三次产业占比为8.44∶40.88∶50.68，第一产业生产总值为20 870.21亿元，相较于长江流域的6.7∶39.8∶53.5，第一产业生产总值30 603.70亿元，黄河流域第一产业生产总值占地区生产总值的比重高，但数值反而低，表明产业结构层次偏低。

首先，由于黄河流域自然生态本底脆弱、水资源短缺、气候条件以及土地资源等诸多限制因素，很难进行如东北地区的大型农业生产活动；其次，发展初期黄河流域第一产业生产效率不足，造成了投入产出比例不符等问题；最后，黄河流域第一产业的传统农业产业融合链条过短过窄，且直接影响到国家目前大力推进的提高农业附加值的地方特色农业经济的发展，加上销售渠道单一，因此特色农业附加值很难得到快速提升。现代农业的竞争已由产品之间的竞争悄然转为产业链之间的竞争，从中足以看出此问题的严重性。

2. 第二产业内工业大而不强

2019年，我国黄河流域第二产业生产总值为101 141.63亿元，相比于长江流域第二产业生产总值182 341.80亿元，也存在占比高而数值低的状况。总体而言，传统动能依然是黄河流域各省区经济增长的核心支撑，工业在黄河流域第二产业中具有重要地位。

目前黄河流域工业发展不充分的问题依然存在，集中表现为大而不强。首先，黄河流域资源开采及加工业的比重偏高，绿色低碳转型速度不快，甚至是缓慢；其次，一些能源矿产资源富集区域自然资源开发长期处于采掘和粗加工阶段，产品附加值低和低端化的产业结构不仅对该区域环境造成污染，面临较大的资源环境约束，还由于资源型重化工产业特征显著，上、中、下游地区产业发展呈现层次差异，技术发展无法快速跟进生产需求的障碍鸿沟，科技成果转化能力弱，造成工业经济的质量效益不高；最后，区域内“龙头”省份对外辐射能力不突出，多数规模以上工业企业创新活力不强，带动力也较弱，区域内上、中、下游地区省际多数企业因为各种原因联系不密切，资源在流域内各生产部门的流动性差，最终造成了全流域工业生产经济效益占比高、生产总值低的现象。

3. 第三产业内整体水平滞后

2019年，黄河流域第三产业生产总值为125 395.78亿元，相比于长江流域第三产业生产总值244 859.70亿元，占比都超过五成但数值上却相差很多，从总量上看发展并不占优势，三次产业之间第三产业差距也最为显著，这说明黄河流域第三产业内部实力有所欠缺，整体水平相对落后。

首先，近年来黄河流域产业结构优化成效显著，黄河流域第三产业就业人数占比持续上升，有着持续向好的发展趋势，不过，吸纳劳动力就业能力虽有所增强，但对于较为发达的中下游地区以及产业集聚区等，这些区域的第三产业发展规模仍弱于全国其他发达地区，同时，吸纳生态脆弱地区过载的农牧业人口的能力不强，这就造成与全国第三产业就业人数占比的差距逐步拉大；其次，截至2019年，流域内陕西省仍然存在“二三一”的产业结构发展格局，相对于黄河流域其他省份，其第三产业对黄河流域经济增长的贡献较小；最后，2019年黄河流域第三产业生产总值占地区生产总值的比值增至50.68%，虽然近年来现代服务业市场份额占比变大，但仍然是传统产业占据市场的主导地位，其发展处于起步阶段且相对滞后，对第三产业发展贡献度不高，与长江流域差距较大。

（三）黄河流域产业结构存在问题成因分析

1. 科技创新不足

黄河流域正处于加速破除城乡二元结构的关键时期，但由传统农业向现代农业跨越的动力不足，多年来现代农业发展程度相对较低，且农业高质量发展不受重视。虽然国家现代化农业发展方向逐渐向“互联网+”转变，组织或筹建了专门的集种养、产品精加工新技术研发和示范于一体的科研团队，争取为地方特色产业培育提供技术支撑，但黄河流域人才流失严重，科技创新能力较低，现代科技与农业生产之间的融合发展状况并不乐观，造成了现代化农业发展程度与南方发达地区差距逐渐扩大。技术创新能力是影响当今社会产业结构变革的重要因素之一。由于地域发展状况，黄河流域无法吸引大量高精尖知识分子发展产业、吸纳规模以上企业的能力弱于东部发达地区，科技创新对产业贡献度不高；工业排放又是污染黄河流域生态环境的主要因素，若工业领域缺乏核心技术与创造能力，则无法通过新设备、新技术、新工艺从根本上实现减少资源消耗和环境污染的目标。

2. 人力资本危机

人力资本一直是经济增长中的重要资源，黄河流域虽有较多优质的高校资源，每年的毕业生在全国的占比也很大，但也只是体现出黄河流域各省是教育大省而非科研强省的特点，人力资本危机随经济发展逐渐显现。黄河流域因为地理位置不佳、生态环境较脆弱、发展前景不高等不利因素，造成黄河流域劳动力相对缺乏。黄河流域省际人员流动和联系明显弱于京津冀、长三角等区域，造成全流域人力资源配置无法接近最佳状态，最终无法发挥最大的经济效益。连下游地区经济发展相对较好的山东、河南等经济大省，对于人才的吸纳能力整体也弱于北上广深地区，人才外流现象日益加剧。人才流向可视为衡量经济发展模式、产业结构转变的重要指标，黄河流域在廉价劳动力以及高精尖人才的有效输入上与全国水平有一定差距，如此往复，黄河流域产业结构转变进程必然受到影响。

3. 路径依赖难克服

黄河流域路径依赖现象非常普遍。首先，黄河流域被称为“能源流域”，其水能、煤炭、石油、铁矿石、铝土矿等诸多资源拥有量大，随着调结构、转方式的持续进行，黄河流域各省新兴产业不断增加，新型企业不断涌现，但整体上大部分省区倚重倚能、资源依赖的格局尚未彻底改变。

其次，黄河流域对保障国家粮食安全具有极为重要的战略地位，流域内诸多省份生产粮食不仅要实现自给，还要通过跨省区流通来解决其他省区粮食不足的问题。然而，黄河流域第一产业，特别是当中占据较大比重的农业，在进行生产活动时依托的劳动力大多数有着年龄大且知识水平低等缺点，因此，对农业领域新设备、新技术、新知识等的吸收理解能力较弱，难以较快适应现代化农业生产方式，进而转向新的生产模式。

黄河流域产业结构优化升级措施

2021年10月8日颁布的《黄河流域生态保护和高质量发展规划纲要》指出，要加快黄河流域新旧动能转换，推动制造业高质量发展和资源型产业转型，建设特色优势现代产业体系。产业高质量发展是实现黄河流域高质量发展的基础，推动产业结构优化升级是实施黄河流域生态保护和高质量发展战略的重要支撑。

一、进一步做优做强农牧业

人类的生产和生活离不开农牧业，人类的进步也离不开农牧业的发展。我国经济已进入高质量发展阶段，社会的主要矛盾也已经发生变化，人们对农牧产品的追求已经从“量”向“质”转变，农牧业高质量发展逐渐成为农牧业发展的目标。

黄河流域农牧业快速发展的同时，一些深层次的矛盾问题也开始逐渐呈现。

（1）黄河流域经济地位下降趋势明显：2012年以后黄河流域GDP占全国GDP总量的比重从18.99%下降到2018年的16.95%，农林牧渔GDP占比从2010年后呈现波动下降趋势，“产业大而不强”开始制约区域农牧业进一步发展，呈现发展动力不足、增长乏力的状态。与此同时，区域粮食和蔬菜产量占比分别从2006年的24.81%和24.15%下降到2018年的18.43%和20.93%，农牧产品供给保障能力不断下降（图4-10、图4-11）。

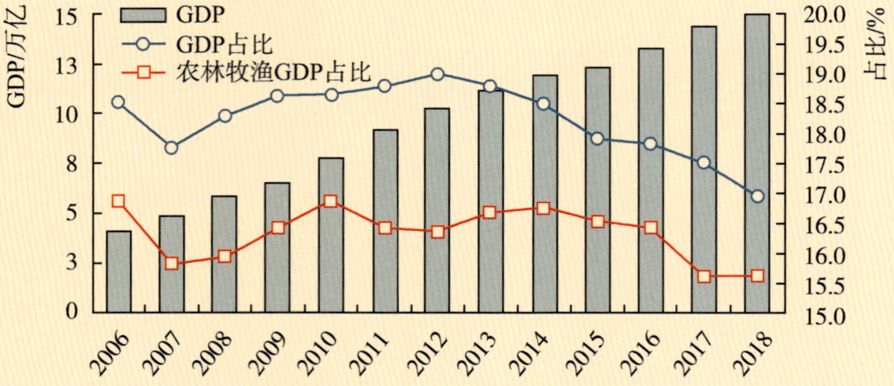

图4-10　2006—2018年黄河流域国内生产总值和农林牧渔业生产总值

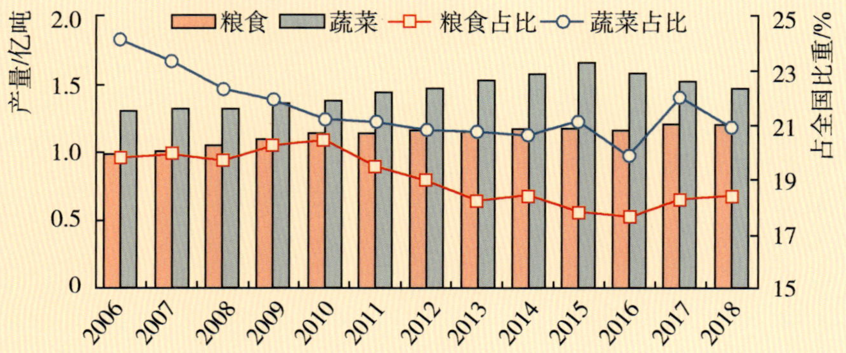

图4-11　2006—2018年黄河流域粮食和蔬菜产量

（2）农牧业发展的资源环境胁迫效应逐渐加大：黄河流域农牧业生产中化肥施用量占全国比重的21%以上，农药施用量占全国比重的14%以上，地膜使用量占全国比重的23%以上。虽然近年来黄河流域农牧业化学品施用量出现下降趋势，但农牧业粗放发展带来的农牧业面源污染和化学污染对土壤和水生态环境仍然造成了严重的破坏，也阻碍了区域农牧产品质量的提升。同时，黄河流域水资源短缺，极大制约了区域农牧业发展和生态环境保护，而高强度的农牧业用水量和水资源开发利用率加剧了黄河流域农牧业用水进一步短缺，水资源对区域农牧业发展和生态环境的资源胁迫效应日益严重（图4-12）。

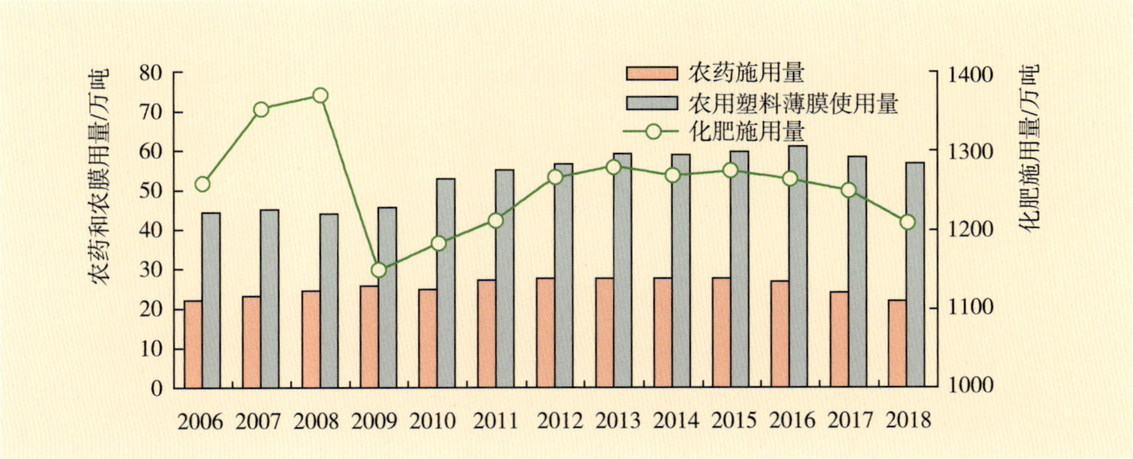

图4-12　2006—2018年黄河流域农药、化肥和农膜使用量

山东黄河两岸一望无际的金色麦田

（3）农产品质量不高，供给有效性不强：黄河流域“三品一标”品牌相较于全国其他地区而言仍较少，整体呈现“产品多而不优，品牌杂而不亮”的发展格局，同时区域差异悬殊和区域不平衡明显，“三品一标”等高质量农牧产品品牌主要集中在黄河流域东部的山东省和河南省，而中西部地区数量较少。

金秋黄河两岸，宁夏稻田迎来丰收

随着我国经济进入结构转变、动能转化的新时期，农牧业发展的重点任务，已由提升产量转向提升质量。黄河流经多个农牧业大省，农牧业发展问题备受关注，但黄河流域各省区均存在农牧业发展不均衡、生产效率高低有别、农产品质量参差不齐、生产设备不够先进、产业分布不均衡等问题。《黄河流域生态保护和高质量发展规划纲要》明确指出，要进一步做优做强农牧业，促进黄河流域农牧业高质量发展。

（一）农业优化升级措施

1. 推进农业绿色发展

绿水青山就是金山银山，农业绿色发展是黄河流域实现农业高质量发展的主攻方向。应将绿色贯穿于农业生产的全过程，着力解决黄河流域现存的问题，致力实现农业的可持续发展。首先，解决农业资源短缺的问题。在保证农业资源利用率最大化的基础上，加大开发力度，合理设置准入管理制度，避免供给错配，建立体现资源稀缺程度的农业生产力布局。提高农业资源的利用效率，实现用地与养地的有机结合，转变用水方式以减少水资源的浪费。其次，解决农业污染问题。控制农药、化肥的施用量，增加有机肥、生物农药的投入，提高秸秆、牲畜粪污等资源的利用效率，建设友好型农业。由于地域差异，各省区的污染治理模式不尽相同，污水治理应因地制宜。

2. 加强农业生产管控

管控农业生产，主要是为了保证农产品的质量。农产品质量是农业实现高质量发展的关键。农产品质量管控，可以从农作物育苗、生产和农产品上市等阶段入手。在育苗阶段，严格控制选种标准，保证幼苗质量，优选绿色种子作为培养对象。在生产阶段，用绿色有机化肥代替工业化肥，减少农药使用量，采用绿色防控技术提高农产品生产的安全度。选取与农作物相配对的生产装置，挑选适应性强、反应快的工作人员，并定期邀请病虫害方面的专家勘测农产品生长情况，确保农产品质量。在农产品

山东省平阴县黄河滩区百亩油葵竞相绽放

上市阶段，设立农产品市场准入制度，避免不达标的农产品上市流通，提高农产品在消费者心中的诚信度。

3. 发展农业特色产业

黄河流域应以《特色农产品优势区建设规划纲要》为指导，根据自身的地理位置和资源优势，发展符合市场需求的特色农业，打响一批独属于黄河流域的特色农业品牌。黄河流域九省（区）应根据当地的资源禀赋发展农业，宜种则种、宜牧则牧，在保证基础农业健康发展的同时，促进新型特色产业的发展。积极发展瓜果蔬菜、中药材、草木花卉等有潜力、品质好的特色产业，可以通过网络、电视等方式加强宣传，形成品牌效应。此外，鼓励返乡人员创新农业发展新模式、新技术、新渠道，配备必要的机器设备以支持特色农业的发展。

4. 加强农业科技创新

实现黄河流域农业高质量发展，应响应国家科技强国战略，增加对黄河流域农业科技研发资金的投入；创新农业技术，鼓励高校、科研机构等研发先进农业技术，培养农业科技人才，推动中小型农业科技企业创新发展；打造产学研融合平台，加强农业组织之间的合作，支持团队建设。此外，要加大农业先进技术的推广与应用，完善收益分配政策，激发企业的创新热情，通过创新推进黄河流域农业现代化的进程。

5. 优化农业产业结构

黄河流域的农业产业结构问题突出，需加快对传统农业的转型升级，促进信息化与农业的融合，构建农业新模式、新业态。首先，要加快传统农业，尤其是种植业、养殖业的转型升级，使其更好地适应市场需求，避免盲目生产。加快农业现代化进程，紧跟乡村振兴的步伐，在确保粮食供给的同时，加快转变发展方式，走现代农业发展道路。其次，发挥政府和市场的双重作用，加快农业与二、三产业的融合，在发展农业的同时带动黄河流域其他产业的发展，如农产品加工、农耕体验、农村电商、乡村旅游等产业。发挥黄河流域的地理优势和资源优势，打造有利的环境，大力发展农业服务业，提高农业增收能力，带动就业，切实提高农民收入。

黄河入海口的红地毯——赤碱蓬

（二）牧业优化升级措施

1. 优化牧业产业结构

统筹做好重大项目建设和养殖资源整合，加快畜牧业产业结构调整和升级。扩大畜牧招商引资力度，限制中小养殖场建设，取缔不符合环保要求的“散、乱、差”养殖场（户）。采取有效措施向业界比较有实力的畜牧业养殖集团招商落地项目，如新希望六和股份有限公司年出栏150万头生猪养殖产业化项目、河南牧原农牧有限公司年出栏100万头生猪全产业链项目在河南省濮阳县相继建成投产，仅该养殖项目一期便可实现新增生猪产能50万头/年。随着畜牧招商项目的逐步建成投产，可以有效改善黄河流域畜牧业产业结构。同时，立足黄河流域内资源优势，统筹规划先行，促进畜牧产业结构升级和换代。

2. 加大牧业支持力度

采取有效扶持政策，加大对现有畜牧企业和畜牧经济组织的支持力度。对黄河流域内的饲料生产企业、家畜产品加工企业，制定针对性扶持措施和政策，加大金融贷款力度，鼓励企业采取典型带动、项目扶持等方式，按照风险共担、利益共享的经营机制与养殖户建立稳固的利益关系，形成利益共享，共同发展。加快畜牧合作经济组织的发展，提高农民的组织化程度，增强农民的市场地位，加快畜牧业新技术、新成果的应用，进一步提升黄河流域畜牧业发展水平。

3. 推广牧业科技应用

以推广牧业科技应用为契机和抓手，促进养殖场规模建设和标准化升级，积极引导畜牧养殖相关企业走规模化、标准化建设道路。借助标准化养殖和生态畜牧创建活动，加快推进黄河流域畜牧业标准化规模化建设，把标准化规模养殖场建设列入农业农村重点工作之一，强力推进新建、改扩建标准化规模养殖场建设。用标准化建设促进屠宰企业、畜禽养殖企业等畜牧产业实现高质量发展。

4. 发展生态循环牧业

利用“粮改饲”和“粪污资源化利用”等畜牧产业项目，积极探索和发展生态循环畜牧业。畜禽规模化养殖的发展必然伴随着粪污排泄量的大量产生，为变废为宝，加快畜禽粪污无害化、资源化利用步伐，应立足实际情况，调整优化畜牧业产业结构和产品结构，做到稳

玛曲黄河岸边放牧

定发展猪、鸡等传统优势产业，大力发展牛、羊等草食畜牧业生产，充分利用黄河流域丰富的自然资源优势，发展以肉牛、肉羊等食草动物为主的养殖场、专业大户和生态畜牧业养殖示范合作社。

5. 保障牧业质量安全

完善畜牧业从生产到产品的全程无缝监管，保障畜牧产品质量安全。打破传统落后观念，树立“预防为主、治疗为辅”的观念，强化疫苗免疫数量和质量，精心制定重大动物疫病防控工作预案，强化疫情监测和预警预报，认真开展集中免防和补免补防工作，力争有效地保护畜牧业的健康发展。同时，加强畜禽产品从生产到产品出厂的全程质量安全监管，针对生鲜乳、饲料、兽药生产和畜禽屠宰加工等环节，加强行政执法检查，严厉打击非法添加“瘦肉精”及其他违法违规行为，做好无公害认证畜产品质量监管工作。

山西省临猗县角杯镇黄河岸边牧羊

二、建设全国重要能源基地

黄河流域又被称为能源流域，上游地区的风能、太阳能资源和中下游地区的煤炭、油气资源等都是支撑中国经济发展的重要资源。作为中国重要的能源基地，传统化石能源中煤炭、石油和天然气资源量分别占全国的71%、41%和38%，产量分别占78%、34%和36%；可再生能源中陆上风能、太阳能和地热资源量分别占全国的78%、33%和11%，是西煤东调、北煤南运、西电东送的主要输出地区（中国国家统计局，2020）。在《全国矿产资源规划（2016—2020年）》中确定的103个能源资源基地，25个位于黄河流域（表4-1），其中，14个煤炭基地中9个位于黄河流域，流域其他重要矿产资源包括油气、铝土、石墨、金、稀土、铁、铀、铜等。

表4-1　黄河流域重要的能源资源基地

矿　产	矿　种	名　称
能源矿产（11）	油气（1）	鄂尔多斯盆地
	煤炭（9）	神东、晋北、晋中、晋东、河南、鲁西、黄陇、宁东、陕北
	铀矿（1）	内蒙古鄂尔多斯
黑色金属矿产（2）	铁矿（2）	内蒙古包白、山西忻州—吕梁
有色金属矿产（9）	铜矿（1）	山西侯马—垣曲
	铝土矿（4）	晋中、晋南、晋西、豫西北
	铅锌矿（1）	内蒙古乌拉特后旗
	钼矿（1）	陕西渭南
	金矿（2）	河南小秦岭—熊耳山、甘肃甘南
战略性新兴产业矿产（3）	稀土（1）	内蒙古包头
	石墨（2）	内蒙古兴和—包头、内蒙古阿拉善

在能源结构方面，黄河流域煤炭生产和消费占比高。2019年，内蒙古自治区、山西省和陕西省合计开采原煤27.15亿吨，占全国原煤开采量的70.6%。石油和天然气的生产和消费相较其他地区也很高。陕西原油产量3543.23万吨，天然气产量473.42亿立方米，均居全国各省市第一，分别占全国总产量的18.6%和26.9%。二次能源中黄河流域各省区发电量达到28 042亿千瓦每小时，占全国的37.4%，其中火力发电占黄河流域总发电量的71.8%，焦炭产量为27 512万吨，占全国的58.4%。化石能源开发利用对生态环境及水资源利用带来了巨大的压力，低碳减排任务较重。在“双碳”目标约束下，黄河流域能源生产和消费结构亟待转型升级，包括合理控制煤炭开发强度、推进煤炭清洁高效利用和减量、严格控制新增煤电规模、加强能源资源一体化开发利用、构建多能互补系统等。

东营黄河三角洲风力发电

黄河龙羊峡水电站全貌

在产业结构方面，黄河流域富集的资源为能源、有色、冶金、化工等产业的发展提供了良好条件，这些产业成为黄河流域特别是中上游地区的经济支柱，以此为依托的企业是当地纳税大户，为地方经济社会发展提供了巨大动力和支持。以化工企业为例，中国石油兰州石化公司是甘肃省第一纳税大户，中国石油宁夏石化公司是宁夏回族自治区第一纳税大户，中国石油天然气股份有限公司呼和浩特石化分公司连续4年在内蒙古自治区纳税排名第一，中国石油长庆石化公司在陕西省纳税排名第五，对当地经济发展作出了巨大的贡献（中国石油天然气集团有限公司，2020）。黄河流域产业结构呈现明显的重化工倾向，高技术和战略性新兴产业发展滞后，面临新旧动能转换接续不力的严峻挑战，亟须通过特色产业体系建设实现转型升级和高质量发展。

（一）黄河流域能源高质量发展的四大矛盾

总体来看，黄河流域能源资源丰富，矿产资源充沛，清洁能源发展态势良好。但黄河流域存在水土流失、沙漠化、地表采矿塌陷、水资源短缺、下游洪水威胁等诸多生态和水文水资源难题，也存在发展整体滞后、区域差距大、产业低端等诸多经济社会发展问题，且黄河流域是我国煤炭产业集中地，在推动经济发展的同时，易形成资源依赖性发展模式，从而阻碍绿色发展。在黄河流域大治理、大保护的背景下，能源的高质量发展面临四大矛盾。

1. 能源产业发展与水资源刚性约束的矛盾

黄河是中国西北、华北地区最重要的水源，黄河流域生态保护和高质量发展要求推进水资源的集约利用。黄河流域目前水资源总量约700亿立方米，与长江流域9600亿立方米的资源量相比差距非常大，人均水资源占有量仅为全国平均水平的23%，地表水开发利用率已高达80%，远超40%的生态警戒线。而且当前黄河流域水资源的分配是以1987年颁布的《黄河可供水量分配方案》为主要依据，已不能反映各地区经济社会发展阶段性变化后用水的实际需求，更难以支撑新时期黄河的生态保护和高质量发展要求。能源产业，特别是煤炭开采耗水量巨大。现阶段，黄河流域多地仍在建或拟建多个高耗水的煤化工项目。虽然大型企业循环用水已初显成效，但小而散的企业用水方式仍然较为粗放。初步估计，即使在全面强化节水的要求下，到2030年黄河流域缺水仍将高达138亿立方米。

2. 能源资源开发利用与生态环保约束的矛盾

黄河流域生态保护和高质量发展要求提升流域水源涵养能力，突出抓好水土保持和污染治理，做好保护工作，促进河流生态系统健康，提高生物多样性，但目前黄河流域仍然存在诸多生态环境问题。黄河流域资源型重化工产业特征突出，能源、有色、冶金、化工等产业是黄河流域特别是中上游地区的支柱产业，相关产业耗能和污染物排放问题严重，主要地区单位GDP能耗普遍高于全国平均水平，能源资源开发利用与生态保护间的矛盾仍然严峻。

3. 能源行业条块分割与协同高效发展的矛盾

黄河流域煤、电、油、气、化工条块分割、各自为战的情况严重，省区之间、行业之间、企业之间不能有效协同。流域范围内能源基地众多，国家五大综合能源基地中的3个、9个千万千瓦级煤电基地中的7个、4个现代煤化工产业示范区中的3个，以及14个煤炭基地中的9个都位于黄河流域。近年来，各能源基地都以做大做强为目标，缺乏统一规划，矿权问题突出，过度开发、重复建设、无序竞争、利用不合理和效率低等现象十分严重。

例如呼包鄂榆4个城市在“十三五”发展规划中均提出要做大能源基地，推动煤炭、天然气输出，极易受到原材料、能源价格波动和去产能政策等外部因素的冲击。2016年前后是煤炭价格的分水岭，4个城市财政收入均出现了“U”字形变化。此外，能源品种之间的协同程度也较低。由于中国的煤炭矿权和煤层气矿权实行独立的审批登记制，同一矿区的煤炭和煤层气矿业权分属不同矿权人，煤层气的矿权纠纷长期以来成为困扰煤炭企业和油气企业的主要问题之一。此外，煤化工与油气化工之间也缺乏协调，原料和产品之间缺乏关联，重复浪费及无序竞争的情况也时有发生。

4. 能源资源枯竭与城市可持续发展的矛盾

2019年，黄河流域人口达4.2亿，占全国的30%，与长江经济带相比，人均GDP低23%，城镇率低4%，产业结构偏重，资源型经济特征明显，人才、金融等关键要素供给不足，科技创新和成果转化能力不强。区域间产业同质性强、分工协作关系弱，产业发展成本和风险较大。由于过分倚重资源型产业，资源枯竭城市的新兴产业发展普遍滞后，企业科技创新能力不强也成为制约产业链向中高端迈进的障碍，因此导致黄河流域存在严峻的能源资源枯竭与城市可持续发展之间的矛盾。

（二）能源企业应积极发挥黄河流域能源发展主力军作用

黄河流域在能源发展中面临的矛盾问题本质上是中国在建立现代能源体系中所面临的产业发展与环境保护、传统能源与新能源、路径依赖与转型升级之间的矛盾。能源企业作为黄河流域能源发展主力军，应积极作为、主动转型，推动全流域加快建立清洁低碳、安全高效的现代能源体系，为黄河流域生态保护和高质量发展贡献力量。

1. 加强能源品种间的协同互济

建议煤炭企业加大资源集约优化力度，推进煤炭分级分质利用，同时与油气企业联合，协同开发煤层气资源，推动煤化工与油气化工的协同发展。推广低阶煤低温热解生产煤焦油技术，增加石油产量的同时，增大煤炭的经济性。据测算，中国煤炭资源量为1.5万亿吨，当前可用于热解处理的理想煤种是低阶煤，潜在可探明资源量达5000亿吨。低阶煤经过低温热解处理，至少可获得7.1%的煤焦油和4.2%的煤气。由此匡算，这些低阶煤中蕴藏着350亿吨石油、30万亿立方米天然气，相当于中国石油剩余可采储量的10

倍，天然气剩余可采储量的5倍，“大煤田”可以变成“大油气田”。此外，油气企业积极实施区域气化工程，在黄河流域加大天然气对散烧煤的替代意义重大。目前，中国取暖用散烧煤每年2亿吨，主要分布在农村地区，是大气污染的主要来源。以关中地区为例，散煤燃烧量每年达2000万吨以上，迫切需要实施气化工程。

2. 打造油气电氢融合发展示范区

中国来自能源的碳排放约占总碳排放的85%，在“双碳”目标的约束下，黄河流域应加快能源转型步伐，建立协同互济的清洁低碳能源体系。建议传统化石能源企业，一方面，加大与黄河流域各省区可再生能源龙头企业的合作力度，以开放、共享、多元、包容的“互联网+”思维为指导，因地制宜、因时制宜地积极发展可再生能源。另一方面，在风能与太阳能资源好的矿区试点风光气氢能源综合利用项目，从替代企业内部高碳用能开始，逐步扩大可再生能源利用范围；加大天然气发电与可再生能源发电的融合发展，解决可再生能源的稳定性问题，探索传统业务与新业务的协同发展，并争取国家对新业务的政策支持。

3. 拓展培育生态环保业务新领域

近年来，中国长江三峡集团有限公司按照“共抓长江大保护”的重大战略部署，提

晚霞下的胜利油田油井

黄河晋陕大峡谷

升生态环保核心竞争力，实现从“建设三峡，开发长江”向“管理三峡，保护长江”转变。发电之外，三峡集团将水资源综合利用、生态环保作为业务重要领域，从能源企业发展为“能源+环保”企业。三峡集团创新探索“资本+”模式，借助股权合资、项目合作、PPP（Public-Private Partnership，即政府和社会资本合作模式）、企业并购等多种方式，撬动社会资本形成长江大保护“共抓”工作格局。三峡集团与长江沿线省市合作，其中与重庆市政府成立合作领导小组，协商出台了《重庆市政府与中国三峡集团共抓长江大保护重点合作事项及责任分工》，通过企地合作的模式开展环境保护工作。建议黄河流域有条件、有能力的能源企业学习借鉴中国长江三峡集团有限公司的经验，融合现有生态环保业务，打造平台，组建新的生态环保集团，创新探索“资本+”模式，在黄河流域试点城市推进先行先试的基础上，将黄河流域生态修复、环境治理、水资源集约利用等纳入环保产业业务领域，助力黄河流域生态保护。

4. 加快炼化转型发展步伐

目前，黄河流域内炼化企业大多为燃料型炼厂，同质化严重，规模较小，吨油完成成本

黄河岸边名冠古今的鹳雀楼

偏高，化工产能不足，产业链不全，高端产品少，部分炼厂位于省会城市，正在或将会面临搬迁压力，下一步转型升级压力较大。随着中国重化工业阶段临近结束，黄河流域重化工业也将迎来发展拐点，新兴产业发展潜力更大。《黄河流域生态保护和高质量发展规划纲要》实施后，各省区的规划也将陆续调整。黄河流域中上游地区涵盖西部多省区，结合《关于新时代推进西部大开发形成新格局的指导意见》，未来高载能行业、大数据、人工智能、"智能+"产业以及工业互联网也将落户黄河流域中上游地区。建议以黄河流域炼化企业为代表的能源企业积极适应当地新兴产业发展趋势，紧密跟踪黄河流域各省区产业发展规划编制情况，关注落地产业与化工产业的结合点，及时对接企业需求，加强新技术的引进和研发，进行定制化生产，提升装置柔性生产能力，拓展产业链，提高资源深加工能力，增加产品附加值，推进产业向高端、产品向终端发展。

5. 推动资源型城市可持续发展

在资源型城市，企业的发展和城市建设是密不可分的，能源企业应因地制宜，积极转型，引领并适应城市的生态建设。建议黄河流域能源企业根据黄河流域的能源特点，积极与地方政府合作，因地制宜选择发展路径。例如玉门油田依托丰富的风、光资源，抢抓国家建设首个千万千瓦级风电基地的重大机遇，提出了"油气并举、新老结合"的发展战略，将大力培育绿色低碳能源产业增长极，着力打造西部新能源示范企业和清洁能源基地，实现从传统油气能源向洁净综合能源融合转型发展，从而推动资源型城市转型发展。与此同时，为适应黄河流域产业转型升级和绿色发展需求，建议黄河流域能源企业加快高技能人才和职业技术人才培养，通过改革传统人才评价、考核和激励机制，加大高层次创新人才培养支持力度，完善海外高层次人才引进方式，吸引有经验和影响力的复合型创新创业领军人才和团队投身黄河流域建设。

三、加快制造业和战略性新兴产业发展

黄河流域的自然环境与社会经济发展状况决定了在高质量发展过程中必须唱响生态保护与绿色发展这两大"主旋律"，制造业作为振兴实体经济与推动技术创新的"主战场"，是创作黄河流域高质量发展新时代"黄河大合唱"的重要物质保障与必要技术支

撑。目前，黄河流域各省区制造业在发展水平方面存在着很大差距，这体现在新旧动能转换的完成、先进制造业与传统制造业发展之间的差异等方面。在黄河流域大多数省份中，除山东省和河南省外，其余省区固定资产投资规模均低于全国平均水平，可以分为两个梯队。

第一梯队是山东省和河南省。两省的先进制造业已经具有较大的规模，生产的产品市场认可度较高，制造业不仅在固定资产方面投资规模较大，而且增长速度较快。第二梯队是其他7个省区。2014年以来，除四川省外，大部分地区的制造业水平都处于下降或略有增长的情况。四川省制造业发展增速是第二梯队中最快的，固定资产投资规模每年都在扩大，2016年之后，赶超了全国平均水平。根据2017年的横截面数据来看，山东省、河南省以及四川省的制造业固定资产投资规模明显超过了全国平均水平。青海省、宁夏回族自治区、甘肃省、

河南省会郑州

内蒙古自治区和山西省均有不同程度的下降，陕西省略有上升。黄河中上游现代制造业发展总体缓慢是由于经济发展能力薄弱、现代工业基础薄弱等因素造成的，这些省区大都保持较大比重的传统制造业和能源资源型产业。

从制造业集聚水平来看，黄河流域制造业集聚水平高低不一。举例来说，青海省的集聚状况良好，但相对规模优势较弱，区域综合竞争力中等，尽管大多数劳动密集型产业处于集聚状态，但它们没有竞争优势；农副食品加工业和食品制造业的集聚发展迅速，在重视生态保护的基础上，应促进制造业的绿色转型升级，保护“中国水塔”。甘肃省的集聚水平相对较弱，处于工业集聚状态的产业主要分布在劳动密集型产业中，行业的低水平限

山东省会济南

制了制造业的进一步高质量发展，所有具有较大竞争优势的产业均为资本密集型产业，主要是石油加工、炼焦、核燃料加工等高污染、高能耗的“双高”产业，给环境带来更大的破坏力，因此在加强生态保护的基础上促进产业的绿色转型已成为甘肃省制造业高质量发展的必然选择。

相较于黄河流域其他省区，山东省、河南省和陕西省三省形成了部分专业化的制造业部门。除能源化工和原材料产业以及农副食品加工业、食品制造业外，以发展相对成熟的山东半岛城市群、中原城市群和关中城市群为载体，围绕轻工业和装备制造业，山东省、河南省和陕西省形成了部分优势制造业部门，尤其是装备制造业，对带动区域经济社会发展具有显著的作用。其中，陕西省在铁路、船舶、航空航天和其他运输设备制造业以及仪器仪表制造业上具有突出的专业化优势，河南省则在专用设备制造业、通用设备制造业和仪器仪表制造业上表现出了一定的专业化水平。除上述三省外，甘肃省在其他制造业、烟草制品业和金属制品、机械和设备修理业上表现出一定的专业化水平，山西省、青海省和宁夏回族自治区具有专业化水平的产业部门则均为能源化工和原材料产业。

目前，黄河流域工业系统由行政区划管辖，分工和协调薄弱，经济互补性薄弱以及产业结构水平低下限制了制造业与战略性新兴产业的高质量发展进程，对黄河流域制造业与战略性新兴产业的高质量发展产生了负面影响。产业结构的高层次需求与产业水平的低层次供给之间的矛盾日益尖锐，制造业的产业结构迫切需要优化和升级。同时，黄河流域高质量发展上升为国家战略，在给制造业转型优化升级以及战略性新兴产业发展带来重大机遇的同时，生态环境脆弱、水资源短缺、产业结构层次偏低等问题亦使制造业与战略性新兴产业高质量发展面临巨大挑战。以产业结构优化为抓手，提高资源配置效率，推进制造产业智能化、生态化、绿色化发展，积极构建战略性新兴产业，已成为黄河流域生态保护和高质量发展面临的重要理论与现实问题。

（一）制造业优化升级措施

1. 利用产业集聚提高生产效率

黄河流域跨越我国东、中、西三大区域，具有鲜明的流域经济特征，黄河流域制造业发展应结合不同地区的比较优势，根据不同地区的自然特征和原有的经济发展基础，进一步加大产业集聚，充分发挥产业集聚的规模效应。

黄河流域中的三江源、祁连山等地区是重要的生态功能区，河套灌区、汾渭平原等是重要的粮食主产区，在这些地区应集中发展以生态产品加工、粮食加工为特色的制造业，在对现有制造业进行改造升级的基础上，提高技术含量，进行深加工，延长产业链，加强品牌意识，打造名牌生态产品并扩大影响，以提升制造业竞争力水平。

在黄河流域，与能源相关的制造业已具有相当的规模，但除了山东省、河南省的能源加工业具有深加工制造业外，其余大多数地区的能源加工业属于浅加工，产业链较短。对这些产业，应尽快应用现代技术、改造原有设备，进一步延伸产业加工链，构建能源资源节约型工业结构。

2. 促进产业链进一步现代化

通过加快产业链与创新链的有机融合，增强整个产业链的内循环和核心环节的竞争优势，从而促进制造业向价值链中高端延伸。扩大和加强竞争性产业，其核心支撑应具有坚实的发展基础和持续增长的领域，从而推动传统制造业的进一步创新，继续推动绿色、技术和智能的“三大转变”，重点发展产业应该放在装备制造业、高端石化、新材料等产业上。突破口应着眼于具有战略边界和爆炸性增长潜力的领域，比如发展机器人、生物制药以及新能源等新兴产业，加强上下游产业链紧密联系，以科研优势作为强大支撑，积极突破核心技术，发展具有独特优势的高新技术产业。

3. 积极推进制造业绿色转型

通过使用绿色高效的加工技术和生产设备，加快传统产业的技术升级和转型，消除过时的生产能力，进行清洁生产，同时降低能源消耗和污染排放量。以黄河流域和区域资源环境承载力为依据，加大分类指导的力度，明确制造业的发展方向和发展水平，对工业生产工艺和产品目录的发展进行明确禁止和限制。帮助企业促进绿色设计，开发绿色产品，建立绿色工厂，发展绿色工业园区，建立绿色供应链以及建立高效清洁的低碳循环绿色制造系统。

4. 不断提高自主创新能力

完善以企业为主体的技术创新体系，积极与国家和省市重大科技项目、产业和创新链布局衔接，充分利用大企业的骨干作用，以骨干企业为主体开展关键核心技术研究，专注于先进设备制造、新材料、电子信息、机器人技术和智能制造、新能源等行业，以中小企业技术为基础，培育从中小企业到大型企业的多元化创新企业，进一步激发本地公司创新的热情，促使各种创新参与者采用“机构+政府”“机构+企业”“企业建设和联合建设”等多种模式，并共同建立工业技术研究机构。

5. 逐渐完善制造业发展生态

以开放共享作为黄河流域制造产业高质量发展的根本方式，摒弃传统狭隘的产业发展理念，搭建技术先进、便捷稳固、互联互通的交通、信息、水利、能源基础设施网络体系，打破地方保护与利益藩篱，打通制造业集聚优化发展的“奇经八脉”，下好黄河流域制造业高质量发展“一盘棋”。积极推进产业外向型发展，立足于黄蓝叠加区、中原经济区、关中平原城市群等区域发展战略与发展中心，密切与京津冀城市群、长江经济带、粤港澳大湾区进行对接与合作，深度参与融入“一带一路”核心区建设，积极探索产品研发、技术转移、文化交流、营销服务等领域国际合作的新途径与新方式，积极服从服务于黄河流域生态保护和高质量发展国家战略，让制造业高质量发展成果惠及广大黄河儿女。

（二）战略性新兴产业构建发展措施

1. 保障资金与人才支持

黄河流域战略性新兴产业构建需要政策资金与人才资源的共同支持。政策资金配套方面，一是增加对战略性新兴产业的补贴，降低税费，同时加大对发展战略性新兴产业的奖励，战略性新兴产业可以具体分为新材料与高端装备制造战略基础产业，节能环保、新能源、新能源汽车和生物产业以及新一代信息技术产业三个类别，可设置不同的准入门槛、评价机制与奖励办法；二是设立战略性新兴产业协同发展的共有资金池，协调现金流动性，支撑黄河流域不同省区战略性新兴产业的构建；三是加大对发展战略性新兴产业的土地供给，完善与简化产业用地审批流程，精准扶持战略性新兴产业发展。此外，在人才集聚方面，黄河流域内部结合“双一流”高校理科、工科、医学与生物学科优势，培养战略性新兴产业人才、外部引进高端人才，使得人才内外互动，形成产学研联动发展，推动黄河流域战略性新兴产业的技术协同创新体系，谱写黄河流域新的篇章，再创黄河流域新的辉煌。

2. 促进城市联动发展

黄河流域战略性新兴产业构建可以通过城市联动发展与定位功能特区进行实践，黄河流域城市群联动发展具体包括山东半岛、中原、关中平原、晋中、呼包鄂榆、宁夏沿黄以及兰西等7个城市群，核心城市分别为济南和青岛、郑州、西安、太原、呼和浩特、银川以及兰州和西宁，各地级市与县级市围绕核心城市建设战略性新兴产业，需要的产业链具体环节包括生产基地、智能制造、新能源和新材料等。按照黄河流域上中下游的区域划分，确定城市群的具体功能，建议将上游作为战略性新兴产业的基地，中游作为黄河流域战略性新兴产业的主体，下游为黄河流域战略性新兴产业发展提供技术支撑，各城市群根据所在区域承担战略性新兴产业发展的具体任务，安排具体的生产环节，实现城市群内县级市、地级市与核心城市的联动，城市群间上中下游的战略性新兴产业联动，黄河流域与其他流域经济协同高质量发展，快速且高效地构建完整的战略性新兴产业协同创新系统，创造属于黄河流域自身的“核心竞争力”。

3. 战略性新兴产业与传统制造业协同发展

黄河流域通过构建战略性新兴产业加优化传统制造业的方式，重塑经济高质量增长的新动能。在战略性新兴产业创建方面，黄河流域上中下游分别对新材料与高端装备制造，节能环保、新能源、新能源汽车、生物产业以及新一代信息技术等产业进行布局与任务分工，完善涵盖战略性新兴产业生产基地、经营销售、核心技术、销售服务等环节的完备的产业链，匹配黄河流域上中下游城市群发展方向与功能定位。对传统制造业进行分类管理，对高度污染的企业进行关闭处理，对中度污染的企业转型处理，对低污染的企业对接战略性新兴产业，实现劳动密集型和资源密集型产业占比双降低。构建战略性新兴产业与传统制造业产业“双协同”的创新发展系统，使得黄河流域生产网络实现由“离散型”到“连续型”的转换，产业结构实现优化升级，产业动能实现本质转变，流域内经济实现可持续高质量的增长。

4. 打造海陆空交通一体化网络

黄河流域可以通过恢复部分河段航运、推动陆空交通一体化等方式加速构建战略性新兴产业。在恢复航运方面，黄河流域应打造郑州—济南—东营段黄河航海运输，实现500吨及以下货轮船舶的通航，同时，通过疏浚黄河泥沙与改道渭河等方式，未来将实现黄河流域全

甘肃刘家峡水库黄河大桥

焦柳铁路黄河大桥跨越黄河西霞院水库

段通航。在陆空交通一体化方面，黄河流域内应该加大公路、铁路与航空联动建设。通过大幅提高海陆空交通网络密集度，构建流域内多条交通线路，时间维度上实现“朝发夕至”的新格局，空间维度上实现航运、陆运、空运交通一体化的联动发展。黄河流域应构建完备的交通物流体系，支撑黄河流域高新技术科技型企业间的联系，重塑黄河流域经济高质量增长的新动能，使得黄河流域高质量发展的后劲更足。

四、提升科技创新支撑能力

科研与人力资本条件是推进科技创新的源动力。一般选用R&D（Research and Development，即科学研究与试验发展）人员全时当量来反映科技研发水平，用平均用工人数来反映人力资本。从黄河流域规模以上工业企业R&D人员全时当量以及平均用工人数，以及2011—2019年黄河流域规模以上工业企业R&D人员全时当量可以看出，从绝对发展水平来看，在2011—2019年期间黄河流域九省（区）规模以上工业企业R&D人员全时当量整体水平呈上升趋势。2011年规模以上工业企业R&D人员全时当量为407 559.4人/年，2019年为521 316人/年，增长了1.28倍。虽然黄河流域九省（区）整体科研水平有上升趋势，但从相对发展水平来看，其在全国的比重从2015年开始下降，说明黄河流域九省（区）科研投入水平增速小于全国整体发展速度，科研投入力度不足。从2011—2019年黄河流域各省区规模以上工业企业R&D人员全时当量的变化趋势可以看出，黄河流域九省（区）工业科研水平存在显著的区域差异，山东省、河南省远远高于其他7个省区，处于九省（区）的高水平，四川省和陕西省次之，宁夏回族自治区、甘肃省、青海省位于九省（区）底部，科研水平较低。其中，增幅最大的为河南省，2011—2019年间，由93 833人/年增加到140 361人/年，增长了2.13倍。

平均用工人数指报告期内从事本企业生产经营活动的人员数，是企业平均实际在职的人员数。与规模以上工业企业R&D人员全时当量一样，山东省和河南省的平均用工人数同样处在九省（区）的领先地位，山东省、河南省和四川省是我国的工业大省，占据庞大的人力资本。整体来说，各省区的平均用工人数都有所减少，这是因为最近几年在供给侧结构改革和新发展理念的引领下，工业总体保持健康发展态势，同时工业处在转型升级中，传统密集型劳动呈现下降趋势，用工人数出现下降是适应这一进程的正常调整（图4-13～图4-15）。

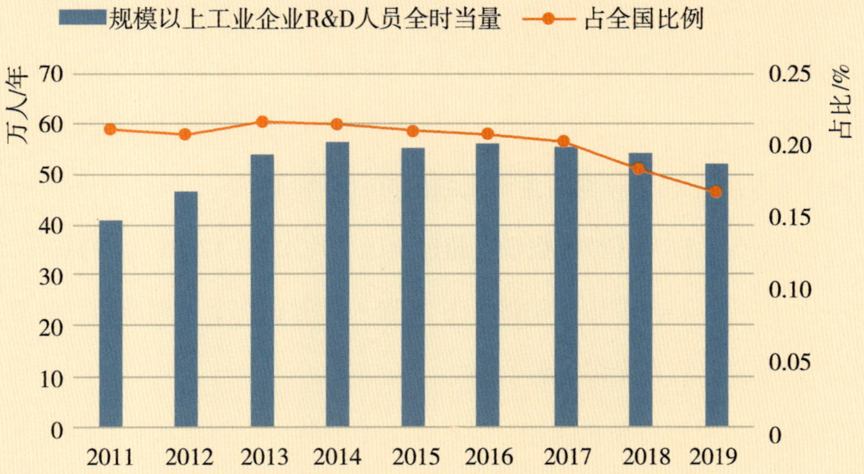

图4-13　2011—2019年黄河流域规模以上工业企业R&D人员全时当量

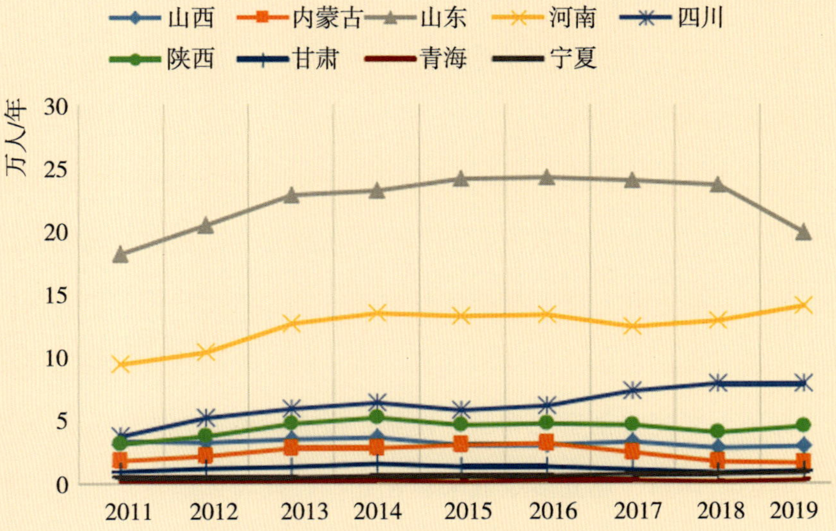

图4-14　2011—2019年黄河流域各省区规模以上工业企业R&D人员全时当量

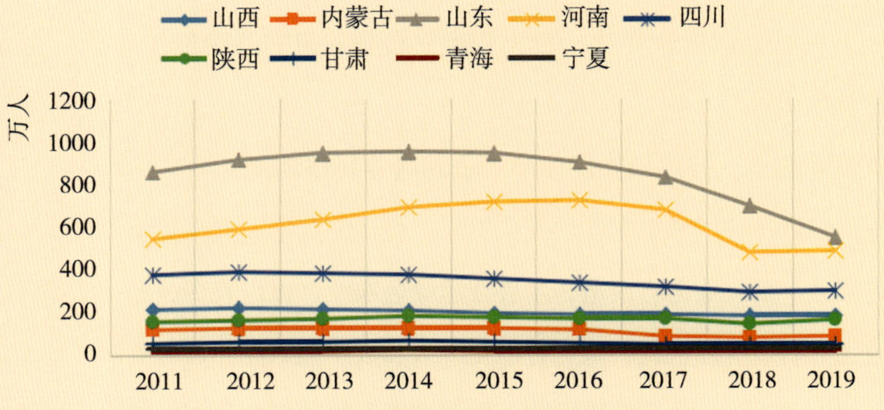

图4-15　2011—2019年黄河流域各省区规模以上工业企业平均用工人数

黄河流域科技研发水平总体较低，创新发展动力不足，且各省区创新能力表现出了显著差异。创新资源主要集中在山东省、河南省与陕西省，三省的普通高等学校专任教师数量、R&D经费和有效发明专利数分别占黄河流域的73.4%、85.2%和71.1%。其中，山东省的R&D经费和有效发明专利数分别占黄河流域的50.1%和49.2%；陕西省和河南省是仅有的两个在每万人普通高等学校专任教师数量上超过全国平均水平（12.36人）的省份，分别为17.83人和12.52人；山西省、内蒙古自治区、甘肃省、青海省和宁夏回族自治区在三项指标上，无论人均量还是总量，均在全国排名下游。

目前，黄河流域科技创新机制相对滞后，上中下游科技创新水平差距较大，并呈现出逐年扩大趋势。张超等人利用黄河流域城市数据，从科技研发和成果转化两个阶段系统评价了黄河流域科技创新效率（张超 等，2021）。研究发现，在科技创新过程中，黄河流域成果转化效率差异是黄河流域科技创新效率差异的主要影响因素。

1. 促进黄河流域科技成果转化

要实现黄河流域高质量发展应明确创新阶段，制定适配的科技研发与成果转化发展策略。科技研发阶段是一个探索的阶段，其产出多为战略性、需久久为功的技术，因此在这一阶段要注重产学研合作，奠定科技研发基础。成果转化阶段产出多面向市场，让创新知识转化为经济效益，创新主体从中受益。这一阶段也是科技创新支撑黄河流域高质量发展的重要保障，要完善创新支撑服务体制，形成以企业为主体、市场为导向、产学研用深度融合的创新体系，建立多条成果转化途径，提高成果转化能力，加大企业市场开拓能力，提高管理能力，促进子阶段之间的过渡和协调，促进科技与经济结合，为科技成果转化和产业化提供有力支撑。最终发挥企业主体作用和政府统筹作用，打通产学研价值链，促进创新成果转化，最大程度将科技成果转化为经济效益，充分发挥科技对经济的推动能力。

2. 支持农牧业、战略新兴产业和先进制造业科技创新

首先，以数字经济带动农业现代化发展。借助大数据、人工智能等数字要素对黄河流域传统的种植业、畜牧业进行改造，发展智慧绿色农业，促进农产品的品质提升。其次，推动黄河流域优势制造业绿色化转型、智能化升级和数字化赋能。黄河流域各地区在创新发展战略下，应加大对水土保持、绿色生产、资源和废弃物的循环利用等节能环保技术开发的资金

和政策支持力度，重点发展低能耗、少污染、高效益的先进制造业和新兴产业，强化地区特色战略性新兴产业的主导产业地位。同时，结合自然条件和人力成本的优势，打造具有较强竞争力的黄河流域新兴产业集群，不断提高在信息互联、大数据、云计算方面的渗透率。借助国家对黄河流域和中西部的政策优势，推进产业结构升级和新兴产业示范区的建设，促进战略性新兴产业和先进制造业的快速发展。

甘肃龙羊峡水库渔民灯光捕银鱼

3. 加强绿色技术创新，推动产业绿色发展

黄河流域工业以能源原材料加工业为主，污染多、能耗高，想要减少这种产业结构对环境带来的负面影响，黄河流域应当加强技术创新能力，注重研发和提升高精尖技术以及清洁技术，让高水平的技术进步来推动产业的绿色发展。同时，推动多元化领域的协同创新，扩大对外开放水平，带动企业绿色技术创新成果转化，并对传统经济技术进行改造创新，使其转向技术密集型、环保型企业，推动产业结构优化，推动绿色经济的可持续增长。因绿色技术创新具有外部性、渐进性等特点，构建绿色技术创新体系应坚持以市场为导向，发挥企业在绿色技术创新中的主体作用，同时应重视政府作用，提供更好的创新环境。

4. 提升科技创新能力，驱动产业转型升级

提升科技创新能力要重视顶层设计，优化基础研究布局，探索“政、产、学、研、用”协同发展的合作机制，积极推进产业的科技创新、管理创新和商业模式创新，以多方面创新驱动产业转型升级。对能耗高、污染重、利润低的产业实行严格的环境监管制度，加快其转型升级或退出。根据各省区创新能力的差异和区域发展重大需求，重点支持济南、郑州、西安、兰州等区域中心城市，围绕区域优势产业，集聚创新资源，以国家重点院校和科研院所、重点实验室以及高新产业集群为依托，打造创新型城市，辐射带动周边区域，为黄河流域实现高质量发展提供强有力支撑。

5. 以创新推动黄河流域产业低碳化转型

加快绿色科技创新、提升产业科技创新水平是降低黄河流域碳排放总量、推动低碳经济发展的根本动力。要加快绿色科技创新，突破关键核心技术难关，充分发挥创新的驱动作用，推动黄河流域产业低碳化发展，提升绿色科技创新能力，在实现结构调整的同时，降低碳排放总量。第一，应加强黄河流域产学研深入合作，加强产业发展对科学技术的应用，大力发展高新技术产业和高端装备制造业，推动产学研深入合作。第二，加大低碳环保技术研发和推广力度。第三，加大新能源勘探力度。黄河流域新能源储备逐渐增加，要推动新能源产业发展，提升可再生能源消费比例，循序渐进地推动能源替代。黄河上游地区水资源相对丰富，要合理利用水资源，发展水电等清洁能源，同时要大力开发风能、太阳能等新能源，推动能源互补。中下游地区具备一定的工业基础和区位优势，要大力发展天然气、风能、太阳能等清洁能源，提升可再生能源消费比例。黄河流域煤炭资源丰富，以煤炭等一次性能源

为代表的能源消费体系是黄河流域传统产业发展的重要动能。在碳中和目标下调整黄河流域产业结构的基本方向就是要推动传统产业低碳化转型，加快新旧动能转换；培育产业发展新动能，以可再生能源消费为主体，构建绿色能源消费体系，推动产业绿色化、智能化、高端化发展。

6. 坚持人才驱动创新发展

要重视人才的发展，技术的创新以及高精尖技术和清洁技术的提升都需要高精尖人才。首先，应打破黄河流域的地区行政限制和行业限制，构建以黄河为纽带的流域产业合作联盟，搭建各类地区合作交流平台，促进资本、人才、技术等生产要素的集聚和跨区域流动，根据黄河流域各省区的不同特色构建跨区域产业分工与合作机制，逐步消除黄河流域资源型产业趋同和同质化趋势，加强产业协同互补。其次，注重人力资本积累，积极实施人才引进战略，注重引进并发挥企业家、科技创新和商业人才等各类人才，同时鼓励人才在企业与企业，企业与高校、研发机构之间的流动，充分激发人力资本的创新活力和潜能。最后，要加强与高校的联系，中上游教育欠发达地区要多与陕西省、河南省、山东省及流域外高校之间联系，完善高校专业设置，根据黄河重大国家战略需求，设立相关学科，培养适合黄河流域高质量发展的专业人才。

经典案例

产业结构优化升级是黄河流域生态保护和高质量发展中的一项重大战略内容，其意义在于，产业结构是供给侧的核心内容，产业结构优化升级是以供给侧结构性改革为主线，推动经济高质量发展，建设现代化经济体系的一项关键内容。沿黄城市应更好地把握机遇，应对挑战，依托强大国内市场，加快供给侧结构性改革，加大科技创新投入力度，根据各地区资源、要素禀赋和发展基础做强特色产业，加快新旧动能转换，推动制造业高质量发展和资源型产业转型，建设特色优势现代产业体系，积极推进黄河流域高质量发展。

一、上游：天水市制造业高质量发展

近年来，天水市深入践行新发展理念，积极推进质量变革、效率变革、动力变革，全力推动天水市制造业高质量发展，产业结构日趋完善，智能制造水平显著提升，创新驱动动能转换加速，装备制造产业集群初具规模。黄河流域高质量发展，天水大有可为：以“绿”为媒，实现质效双增；“智”中求变，数字赋能制造业；顺“势”而为，推动制造业迈上新征程（辛怡，2021）。

（一）天水市制造业高质量发展面临的挑战

作为国家“三线建设”西部布局的老工业基地，天水工业经过几十年发展，逐步形成了以机械制造、电工电器、电子信息等为重点的相对完备的工业体系，但长期以来产业转型升级缓慢，制约了天水制造业的高质量发展。突出表现在：制造业战略地位不高，支撑作用不明显；制造业产业集聚不够，还没有形成更多“增长极”；制造业产业基础高级化水平低，缺乏完整的产业链、供应链和价值链体系；制造业企业自主创新能力不强，尚未形成“产学研”紧密协同发展机制，综合竞争力亟待提高。同时，低端过剩、高端不足的结构性矛盾突出，产业结构不合理，供需结构不匹配，特别是低端产能过剩与高端产品短缺并存的问题突出。

（二）天水市制造业高质量发展面临的机遇

三个“培育”将为天水市打造先进制造产业基地，全力打造3个百亿级产业集群。一是培育以集成电路封测和智能终端制造为重点的电子信息产业集群，重点发展集成电路、新型存储芯片等产品的封装测试，以华天电子科技园为代表；重点发展OLED载板及贴片、无人机、机器人等智能终端产品，以东旭集团新材料产业园为代表。二是培育以输配电设备及电气传动装置和基础电器元件为重点的电工电器产业集群，重点发展新一代智能化高中低压输配电装备、特高压输变电设备及高效节能变压器和风、光、核电专用开关等输配电设备，以及石油、冶金、矿产开采等行业专用的新一代智能电气传动及自动化控制装置，还有接触器、断路器等高中低压基础电器元件。三是着力培育以高档数控机床及高端轴承和凿岩机械等为重点的机械制造产业集群，重点发展大中型金属切削高档数控机床和轨道交通加工、新能源专用数控机床、替代进口产品的高精度免调整圆锥滚子轴承及二代卡车轮毂轴承单元等。

（三）天水市制造业高质量发展措施

1. 以“绿” 为媒，实现质效双增

一是构建市、区县、园区、工厂、产品“五位一体”的绿色制造标准体系，构建覆盖全产业链和产品全生命周期的绿色制造体系。

二是突出低碳特色，持续推进产业结构调整。落实碳达峰、碳中和要求，推进能效“领跑者”和绿色工厂建设，优先发展战略性新兴产业、高新技术产业、装备制造业；加快传统产业升级，淘汰落后产能，削减碳排放和污染物排放；大力发展循环经济，推进再制造产业发展。

甘肃省天水市

2.“智” 中求变，数字赋能制造业

一是加快推动工业互联网、5G、人工智能、区块链等“万物智联”新技术、新模式在各领域的融合应用。目前，天水“5G+工业互联网”云服务平台建设基本完成，全市建成开通5G基站829个，5G网络覆盖主城区及五县重点区域。

二是以技术改造、“两化”融合、智造项目、企业上云和产品创新为主要抓手，全力推动工业智能制造水平不断提升。持续推进传统产业高端化、智能化、绿色化“三化”改造，加快推进“两化”融合，支持引导企业加大新一代信息技术的综合应用，推进智能制造生产线、数字化车间和智能工厂建设，实现从“天水制造”到“天水智造”的转变。

三是抢抓数字经济发展新机遇。积极运用新技术改造提升传统产业，加强新经济与传统

经济的深度融合。在华天科技股份有限公司被认定为甘肃省第一批智能工厂、长控公司母线槽车间被认定为甘肃省第一批数字化车间的基础上，进一步在集成电路、北斗及地理信息系统等新兴产业上发力，积极培育壮大战略性新兴产业，重点发展前景好、容量大、效益高的新产业、新技术、新业态、新模式，着力推动产业价值链由低端环节向高端环节深化延伸，如推进华天电子科技园、长城电工产业园、星火数控重型机床制造基地、电科院电工产品综合检测试验研究基地等项目全面建成。

3. 顺“势” 而为，推动制造业迈上新征程

一是继续实施创新驱动战略，提升制造业创新能力。我国制造业创新能力不强，关键还是科技创新体制机制不健全，科技与产业“两张皮”问题尚未有效解决，创新资源配置重复、分散、封闭、低效，产业关键共性技术供给体系存在结构性缺陷。因此，应坚持把科技创新作为引领制造业发展的第一动力，加快培育创新主体，集聚创新资源，打造创新平台，完善创新体系，优化创新环境，如加快天水电传所国家重点实验室、秦州区国家可持续发展实验区建设。

二是加强制度建设与监管，促进虚拟经济与实体经济协调发展。坚持对虚拟经济与实体经济一视同仁、统筹规划，完善虚拟经济市场监管体系和制度建设，防止虚拟经济脱离实体经济过度膨胀，造成实体经济“空心化”。

三是“引凤筑巢”，实施教育“强基计划”。要深入实施教育“强基计划”，培养STEM（科学、技术、工程、数学）领域人才；贯通“技术工人—技能人才—高技能人才—大国工

天水麦积山石窟

匠”的成长通道和发展路径，让从业人员有出路、有奔头；创新人才激励评价机制，统筹做好人才引进、培育、使用工作，积极营造留住人才、人尽其才的良好环境。

四是加快项目建设，着力打造先进制造产业基地。实现先进制造业的高质量发展，就是要使先进制造业拥有较大的生产规模、稳定可靠的增长速率，以及具备良好的行业结构、掌握重要领域的核心技术和关键技术、具备世界一流的产品质量、拥有世界著名的顶级品牌等。

五是培育优质制造“头部”企业。在实施制造业单项冠军培育企业基础之上，实施中小企业“育苗壮干”梯度培育计划，继续培育一批专精特新企业和行业“小巨人”企业，积极培育一批“瞪羚”“独角兽”企业。

二、中游：洛阳市生态保护和高质量发展

洛阳市作为黄河流域的重要节点城市和黄河文化发源地，在副中心城市建设和都市圈建设的艰巨任务中，正积极推动黄河流域生态保护和高质量发展。在这个过程中，洛阳市拥有丰厚的文化底蕴、雄厚的工业基础、特色创新的县域经济等优势，但也面临产业结构不合理、资源聚集能力较弱等问题（薛栋，2022）。

（一）洛阳市生态保护和高质量发展面临的挑战

1. 产业转型升级亟须加快

自2015年以来，洛阳市不断加快调整产业结构，进行产业升级。洛阳市统计局的数据显示，其三次产业比重由2015年的6.7：49.6：43.7逐渐调整为2019年的4.9：46.3：48.8，产业结构虽然由2015年和2016年的“二三一”格局逐步转变为现阶段的“三二一”格局，但是经济结构的重多轻少、老多新少的特征却没有得到根本扭转。其中，第一产业占经济总量的比重较低，产业变化保持平稳状态；第二产业在经济发展中呈现上升态势，工业增加值有显著增加，并在2019年突破2000亿元。

产业发展是推进黄河流域生态保护和高质量发展以及副中心城市建设的重要支撑，然而，在洛阳市的产业结构中，以制造业、采矿业为代表的第二产业一直占据着主导地位，其

河南省洛阳市

自身的产业结构特征导致了对市场导向和自然资源的依赖度较高，产业运行易受到外界环境的影响和干扰。这是洛阳市高质量发展过程中面临的重要问题之一。同时，在县域经济中发挥基础性作用的第一产业也存在很多问题，如农业抗风险能力差、农业现代化发展迟缓、农产品加工业技术落后等。另外，第三产业缺乏新增长极，经济增长源主要通过旅游业带动相关传统服务业的发展，行业整体吸纳就业的能力较差，高新技术产业对第三产业的贡献度较低，不利于实现第三产业的长效转型。

2. 资源集聚能力较弱

资源的集聚对于中心城市和副中心城市来说都是必备功能，没有资源集聚就没有经济发展的辐射和扩散，特别是在发展过程中，只有打通与周围“卫星市县区”的资源双向流动互补渠道，形成相辅相成的纽带关系，才能对要素进行优势整合、吸纳、扩散（安树伟，2021）。但是，从“十二五”以来，洛阳市的资源集聚能力呈现出明显的短板。黄河流域重要节点城市中的济南市、西安市与郑州市一道长期居于中国最具人才吸引力城市一百强的前十五名，洛阳市却处于五十名开外，甚至与另一重要节点城市兰州市的人才吸引力指数相比也存在一定的差距。

另外，洛阳市在高端核心科研人才资源的集聚上也处于劣势。高端人才的匮乏会使得本地智库建设运行缺少充足的储备力量和及时有效的政策建议，严重影响洛阳市发展改革的效率，同时会导致洛阳市产业结构转型和经济社会高质量发展失去准确的航向标。

（二）洛阳市生态保护和高质量发展面临的机遇

1. 政策扶持，筑牢高质量发展新支撑

河南省在2020年3月出台了《关于支持洛阳以开放为引领加快建设中原城市群副中心城市的若干意见》，并于12月正式发布了《洛阳都市圈发展规划（2020—2035）》，为新时代洛阳副中心城市建设和都市圈建设擘画了宏伟蓝图。

在探索具有洛阳特色的高质量发展道路上，洛阳市集中建设了具有国际竞争力的区域特色产业集群，促进新能源汽车、航空航天、轨道交通等六大产业园加速升级，并以此为基础继续扩建了节能环保、绿色建材、高端医疗三大新型产业园，成为产业外部引进升级和内部创新孵化的沃土。

2. 思路创新，开创高质量发展新实践

自“十三五”以来，洛阳市转变传统发展思路，以新发展理念为基础开创了符合实际的沟域经济发展模式，利用生态保护和可持续发展的相辅相成关系，因势利导整合山、水、林、田、路、村和产业。以新安县为例，当地政府通过结合集体经济、乡村振兴、脱贫攻坚以及文旅融合打造了市级沟域经济示范带和县级沟域经济示范区，发展了一大批农旅一体化、光伏发电等当地特色产业，对该地区实现了受益覆盖。与此同时，以政策支持、人才引进和培育战略，积极鼓励个体创业，搭建广阔的合作交流平台，吸引、培育更多优秀青年参与家乡振兴的伟大进程。

3. 产业升级，打造高质量发展新增长极

制造业作为洛阳市的突出特色和最大优势，长期以来积累了丰厚的技术储备，拥有相对完善的产业链，因此洛阳市以制造业的高质量发展担当黄河流域生态保护和高质量发展以及副中心城市建设的主力军。首先，洛阳市利用自身传统制造业的雄厚积淀，延伸上下游产业链，专注培育研发高技术含量产品，提升产品附加值，激发实体经济的活力；其次，洛阳市以传统制造业的技术优势为载体，大力发展新兴产业，优化工业体系结构，逐步引导装备制造、石化等传统优势产业突破产业链的中高端领域；最后，洛阳市通过激活微观市场主体，扩大市场体量，实施高效、精准、惠民的招商引资策略，吸引越来越多竞争力强、带动力强的“独角兽”和“领头羊”企业选择落户于此。

（三）洛阳市生态保护和高质量发展措施

1. 优化产业结构，积极融入高质量发展新格局

产业结构的合理化和高端化转型升级对洛阳市的生态保护和高质量发展具有推动作用。因此，构建现代化的产业体系不仅是洛阳市高质量发展的核心，还是夯实黄河流域生态保护和高质量发展的重要支撑。

在农业方面，要全面推动实现农业现代化建设和农业结构的战略性调整，以市场需求为导向，科学合理规划农业发展，加强农田、水利等基础设施建设。

在工业方面，继续推进“三大改造”和加快建设“565”现代化产业体系，推动产业发展内部的结构转变、质量改善、动力充足、效率提高，并基于原有的产业优势建设新型工业，

雪后的洛阳老君山

同时加大政策扶持力度，促进传统产业向战略型新兴产业升级，重点布局大数据、新能源、新材料、高端石化及智能装备制造等产业的发展。

在第三产业方面，不仅要大力促进传统服务业向现代服务业发展，还要改善洛阳市目前服务业整体分工不明晰、从业人员素质能力偏低以及专业性欠缺的局面，推进行业整体进行重新规划和合理分类，并实现内部结构科学转型升级，筑牢第三产业的发展基础。在旅游业的稳健运行和有效带动下，探索第三产业的新增长极，提高第三产业的比重，推动洛阳市产业结构内部和外部由“二三一”格局向“三二一”格局的完全转变。

2. 强化人才培育，夯实高质量发展的持续动力

更好更快地建设洛阳都市圈以及副中心城市，推动黄河流域生态保护和高质量发展，需要构建科学高效的人才培养体系。然而，与黄河流域五大节点城市中实力较强的郑州市、济南市相比，洛阳市的科教水平还存在较大差距。

首先，洛阳市要补齐高等教育方面的短板，以丰厚的文化底蕴为底牌，全力引导高校或新校区的选址落户洛阳，同时利用自身的副中心城市地位，联合郑州市培育建设有地方特色的高等教育院校。其次，搭建多元化校企联合培养平台，促进产学研深度融合。最后，要不断提高人才引进落户政策的吸引力，招贤纳士，同时持续优待已经引进的高质量人才，打造政府及行政体系的优良口碑和城市的美好发展形象。

三、下游：济南市建设黄河流域生态保护和高质量发展中心城市

2020年4月28日，山东省委、省政府主要领导同志在济南调研时明确提出，济南市要“为黄河流域生态保护和高质量发展作出示范”。围绕着黄河流域生态保护和高质量发展战略的实施，济南市作为黄河流域的中心城市，肩负着“作出示范”的重要使命，这无疑将为济南市更好地融入区域发展、汇聚各种资源要素、推动高质量发展和生态保护释放重要利好，为济南市实现跨越发展、打造黄河流域生态保护和高质量发展的先行示范区、建设黄河流域国家中心城市，更好地发挥辐射带动作用注入强劲动力。黄河流域生态保护和高质量发展战略将为济南市生态保护和经济社会发展带来重大机遇，但也面临着多方面的挑战和制约（李金泉，2021）。

济南黄河大桥

（一）济南市建设黄河流域生态保护和高质量发展中心城市面临的挑战

目前，济南市在生态保护和高质量发展中产业体系主要面临的问题是产业转型压力大，创新力度不够。传统产业“老化”苗头已经出现，资源利用效率不高、企业创新活力不足的问题依然十分突出。产业结构偏重、环境承载力有限、产业转型升级的内生动力不足，成为制约济南市产业转型升级重要瓶颈。济南市科技创新力度与其他副省级城市相比，还有一定差距。

（二）济南市建设黄河流域生态保护和高质量发展中心城市面临的机遇

1. 推进产业高质量转型的机遇

近年来，济南市高质量发展势头良好，十大产业发展迅猛，大数据与新一代信息技术产业主营业务收入达到3600亿元，智能制造和高端装备达到了3400亿元，成为济南市两大优势产业，生物医药、产业金融、医疗康养、文化旅游的产业规模也达到千亿级。但也应当看到，

济南市与全国和省内先进城市相比，还有一定差距。2019年济南市地区生产总值为9443.40亿元，比上年增长7.0%。其中，第一产业343.10亿元，增长1.3%；第二产业3265.20亿元，增长7.8%；第三产业5835.09亿元，增长7.0%，三产业结构比为3.6∶34.6∶61.8。由以上数据可以看出，不管是从经济体量看，还是从产业结构看，济南市与目前所处的省会城市位置还存在一定差距。城市首位度较低、辐射带动力不强的问题还较为突出，在高质量发展中产业结构转型的压力较大。

2. 推动实现新旧动能转换的机遇

近年来，济南市优势产业竞争力不断增强，产业实力更加雄厚。信息技术服务集群入选国家首批战略性新兴产业集群，培育“独角兽”企业3家，省级以上“瞪羚”企业80家，国家健康医疗大数据北方中心、质子临床治疗中心均落户济南市。同时，济南市作为新旧动能转换起步区，承担着先行先试、领先领跑的重大责任使命，传统产业的转型升级以及围绕市场进行的产业创新都为济南市增加科技投入和实施创新驱动带来了发展机遇。这些优势无疑将使济南市成为黄河流域的“领头羊”，吸引更多高端产业、总部经济向济南市集聚，在竞争发展的跑道上更快地“跑起来”。

（三）济南市建设黄河流域生态保护和高质量发展中心城市措施

1. 助推产业转型升级

“从根本上缓解经济发展与资源环境之间的矛盾，必须构建科技含量高、资源消耗低、环境污染少的产业结构。”要牢固树立黄河流域大保护的理念，加快谋划一批生态保护建设与绿色资源开发互促共进的产业。

一是优先发展智能产业，推进城市智慧化。随着智能生产线、智能车间和智能工厂的发展，培育和发展智能产业、不断推进智能企业建设成为当前的重要任务。发展智能产业需要以龙头企业为骨干，成立智能产业联盟，有序推进黄河流域智能产业的协同发展。特别是要推动传统制造业的智能化升级，推动黄河流域制造业普遍向高端制造、智能制造、精品制造、绿色制造和服务性制造转型升级，在黄河流域打响“济南智造”品牌。

二是发掘农业多种功能，发展高效现代生态农业。在沿黄河流域，可以更多地引导社会资本重点发展现代高效生态农业示范区，将黄河流域的水土保持与生态环境保护融入农业生态发展当中。在现代农业园区建设中，把农业景观设计理念引入到水土保持治理与农业生产中，以果园观光旅游、种植园产业一体化发展等为特色，对农业园区进行农业景观设计。充分挖掘沿黄河流域城郊农业多元化服务功能，打造水土保持型生态农业观光旅游点，建立一种新型的“水土保持+农业生产+旅游发展”现代农业发展模式，从而助推黄河流域的生态保护和经济高质量发展。

国家级湿地公园——济西湿地

济南玉清湖栈桥

2. 加大创新支持力度

黄河流域生态保护和高质量发展战略的实施，给中小企业带来前所未有的创新发展机遇，但相比于大型企业，中小企业在人才、技术、资金等方面都处于弱势地位。只有大力支持中小企业的改革创新，才能使中小企业在黄河流域生态保护和高质量发展中发挥积极作用。

（1）支持技术创新，推动企业产品技术升级：强化企业的创新主体地位，发挥企业在技术创新决策、研发投入、科研组织和成果转化应用方面的主体作用。加大对中小微企业技术创新和专业化发展的支持力度，采取积极有效的措施，为中小微企业提供授信、融资便利，鼓励金融机构为产业链上下游配套的中小微企业拓宽信贷业务。发挥大企业的支撑引领作用，促进大中小企业之间的上下游协作联动，通过业务协作和资源共享，形成良好的产业链互动机制。鼓励企业对可再生能源的开发与使用，在生产经营活动中实现对资源的高效利用。

（2）建立灵活合作机制，积极搭建平台：积极搭建面向中小企业发展的公共服务平台，鼓励科研院所向中小企业开放创新资源，鼓励企业与科研院所建立多种形式的科研合作关系，推动研发平台之间的资源共享。推进供应链创新与应用，促进大中小企业专业化分工协作的产业链供应链体系构建。积极支持中小企业申报认定国家企业技术中心、国家及省级工程研究中心，支持中小企业争取国家及省级创新能力建设项目。努力培育科技型中小企业，积极支持科技型中小企业认定为高新技术企业。

（3）完善人才引育机制，营造良好生态：第一，构建更开放、灵活的人才招引机制。搭建政府、行业、企业、学校、专家多元协同的智库研究平台，实现跨机构、跨区域的资源整合与信息共享。激发企业引才积极性，发挥企业引才聚才的主体作用。鼓励企业采用多种方式引进人才，确保人才引得进、留得住。着力优化人才工作和生活环境，破解人才在注册落户、医疗住房、子女教育等方面的难题。第二，完善人才培育机制。结合济南市产业科技发展实际，政府要联合各相关优势产业企业、高等院校及职业院校等机构，搭建高质量、系统化的产教融合培养基地，将人才培养及人才质量提升落在行业、落在岗位、落在未来工作场景，为产业基础高级化、产业链供应现代化提供应用型和技术技能型人才支撑。

第五章

黄河流域生态保护和高质量发展协同推进

在新的发展环境下，需要深度理解和把握黄河流域高质量发展路径，基于国家发展战略的演变，结合黄河流域的比较优势，从流域生态本底脆弱、水资源制约、产业转型升级和绿色发展滞后、流域协同管理体制机制不完善和流域乡村民生发展不足等突出问题与困难来思考和总结，针对存在问题提出推进生态保护修复和治理、优化水资源配置和推进节约集约利用、优化产业结构和推进绿色发展、建立协同体制机制和增进乡村民生福祉等建议，深入贯彻新发展理念，服务构建新发展格局，推进高质量发展。

黄河流域生态保护措施与建议

一、加强生态保护修复，协同推进大治理

1. 优先加强上游地区生态保护修复，恢复提升水源涵养功能

上游地区具有重要的水源涵养功能，对整个流域的水资源供给意义重大，是维持全流域生态系统健康的根本保障。因此，必须优先推进上游地区的保护修复，恢复提升水源涵养功能。

一是坚持自然恢复为主、人工修复为辅，以黄河源区、三江源、祁连山、若尔盖草原湿地、甘南黄河生态补给区等重要生态功能区域为重点，加强退化草原生态保护修复。加强封禁保育力度，全面落实禁牧、休牧、轮牧和草畜平衡制度，降低草原载畜量，恢复草地生态功能。加强退化草原鼠害、虫害及毒害草的生物防治，采取人工草地改建、半人工草地补播、封禁保育等多种措施相结合，推进黑土滩治理。完善和提高草原生态保护补偿标准，引导牧民参与草原生态管护，在生态功能极重要、极脆弱区实施生态移民与搬迁。

二是加强鄂尔多斯高原区风沙荒漠治理。总结库布齐沙漠、毛乌素沙地荒漠化治理成功的经验和典型模式，有序推进荒漠化治理、“三北”防护林建设、退耕还林等重点工程，采取生物固沙与工程固沙相结合的方式，有效遏制乌兰布和沙漠、腾格里沙漠扩张，不断巩固和提升荒漠化治理成效，减少泥沙流入黄河。积极探索和推广沙地治理与资源化利用、绿色产业发展等新模式，促进沙区生态治理与经济协同发展。

壶口瀑布，黄河之水倾泻而下

青海玛多黄河源

三是实施河套灌区修复治理。加强城镇生活及农业面源污染治理，严格控制化肥农药施用，降低排干污染物。开展排干沟治理、人工湿地、生态补水等工程措施，优化河套灌区给排水网络和调水供水模式，减少水资源浪费。继续推进乌梁素海、沙湖等湖泊水生态修复，在加大外源调水力度的同时，结合生物措施、工程措施，重点做好灌区退水控污和湖体内源减污，恢复湖体生物多样性和湖泊健康。

陕西合阳湿地

2. 因地制宜推进中下游地区生态保护修复，维持生态系统稳定性

中下游地区是黄河流域人类活动强度相对较高的区域，同时肩负着提供优质生态产品与保障人居生态环境安全的重任。因此，应聚焦突出问题，分区分类实施生态保护修复，切实改善生态环境状况，保障人居生态环境安全。

一是重点加强中游黄土高原地区水土流失治理。进一步加大封山禁牧和封育保护力度，做好水土流失预防保护。因地制宜开展梁、塬、坡、沟、川的综合治理，继续推进坡耕地综合整治、黄土高原塬面保护、病险淤地坝除险加固、贫困地区小流域综合治理等国家水土保持重点工程，重点加强多沙粗沙区水土流失综合防治。加强森林资源管护，实施低质低效林改造，提升森林生态系统水土保持功能；遵循地带性规律和区域水资源承载力条件，科学设定未来退耕还林等植被恢复工程的规模和布局，平衡区域水源涵养

与水资源供给功能。积极探索创新水土流失治理与乡村振兴融合发展模式，促进区域生态与经济协调发展。

二是有序推进下游滩区生态治理。科学研究、合理划定滩区功能分区，实施滩区分区治理，积极探索和实施滩内移民、集中居住、集约种植、政策补偿的滩区治理方案，实现人水分离。将滩区保护利用纳入各省国土空间规划，规范国土空间开发与保护布局。

三是实施黄河三角洲湿地生态系统保护修复。根据河口生态需水情况，科学制定生态水量调度方案，落实河口生态流量（水量）指标与过程管理，稳定河口流路。开展河口湿地演变趋势评估，科学分析上游来沙量降低造成的生态影响，提出有效应对措施。推进退耕还湿、退养还滩，加强河岸带和滩涂岸线生态保护与修复，防控外来有害入侵物种，有效恢复河口三角洲湿地生态系统功能。

3. 创新建立生态产品价值实现机制

一是进一步加大国家对重点生态功能区的财政转移支付范围和力度。建议扩大原有的黄土高原丘陵沟壑水土保持重点生态功能区范围，优先将鄂尔多斯高原、贺兰山—阴山山脉、阴山北部草原、鲁中山区等具有重要生态功能且经济欠发达地区纳入财政转移支付范围。在充分考虑不同区域自然本底条件的基础上，研究提高黄河源区等区域具有重要生态功能的草地、湿地面积的评价系数，进一步优化国家重点生态功能区财政转移支付分配测算方式。

二是建立流域上下游横向生态保护补偿机制。在深入总结宁夏等地流域上下游横向生态保护补偿机制试点经验基础上，探索研究基于水量水质的跨省（区）流域上下游横向生态补偿方案，探索建立资金补偿、对口协作、产业转移、人才培训等多元化补偿方式；开展黄河流域水权交易制度试点，建立全流域水权交易平台；研究通过中央财政购买水权的方式，保障流域生态用水的政策可行性。以纵横交错的多元化生态产品价值实现机制，促进黄河源区生态产品价值的实现。

三是完善自然资源有偿使用交易制度。针对流域自然资源本底特征和突出生态问题，建议优先建立完善黄河流域水资源有偿使用制度，合理调整水资源费征收标准，适度调整水资源紧缺和超额用水地区的水资源费征收标准。建立国有森林资源、国有草原资源有偿使用制度，规范国有森林、草地资源流转，通过租赁、特许经营等方式积极发展林下经济、特色旅游等生态产业。

山西省运城市垣曲县，曙猿发源地

青海省祁连县卓尔山

二、实施黄河流域生态修复典型工程

近年来，由于自然与人为原因，黄河流域生态破坏严重。为了对黄河流域进行生态修复，政府大力开展水土保持和土地综合整治、天然林保护、“三北”等防护林体系建设、草原保护修复、沙化土地治理、河湖与湿地保护修复、矿山生态修复等工程。

应进一步完善黄河流域水沙调控、水土流失综合防治、防沙治沙、水资源合理配置和高效利用等措施，开展小流域综合治理，建设以梯田和淤地坝为主的拦沙减沙体系，持续实施治沟造地，推进塬区固沟保塬、坡面退耕还林、沟道治沟造地、沙区固沙灌草，提升水土

晋南黄河北岸梯田

三门峡黄河湿地冰面上栖息的骨顶鸡

保持功能，有效遏制水土流失和土地沙化；加强原生林草植被和生物多样性保护，禁止开垦利用荒山荒坡，大力开展封山禁牧和育林育草，提升水源涵养能力；推进水蚀风蚀交错区综合治理，积极培育林草资源，选择适生的乡土植物，营造多树种、多层次的区域性防护林体系，统筹推进退耕还林还草和退牧还草，加大退化草原治理，开展林草有害生物防治，提升林草生态系统质量；开展重点河湖、黄河三角洲等湿地保护与恢复，保证生态流量，实施地下水超采综合治理，开展滩区土地生态修复。

1. 三江源区黄河水塔生态修复工程

三江源区地处青藏高原腹地的青海省西南部，是我国重要的生态功能调节区、气候变化敏感区和生物多样性高度集中区，获得“中华水塔”的美誉，其中黄河、长江、澜沧江地表径流的49%、25%、2%来源于此。该区域草原和水资源比较丰富，起着重要的生态调节功能，对我国的生态系统具有最为重要和广泛的影响。根据《青海省生态环境建设规划》，要突出抓好长江、黄河、黑河源头，以及环青海湖地区、东部干旱山区、龙羊峡库区和柴达木盆地等6个区域的生态环境保护、建设和水土治理工作，大力加强天然林、草原和野生动植物资源保护，加大退化草地治理恢复力度和加快防护林体系建设。要从根本上治理三江源区生态

巴颜喀拉山草原湿地上的牛群

环境，必须将高原的天然林保护纳入国家重点天然林保护建设规划，通盘考虑，重点保护与治理，增强源头水土保持和水源涵养功能。

2. 黄土高原水土流失综合治理

以渭北、陇东、晋西南等地为重点，开展水土保持和土地综合整治，实施小流域综合治理，建设涵盖塬面、沟坡、沟道的综合防护体系。以太行山、吕梁山、湟水流域等地为重点，加强林草植被保护和修复，以水定林定草，实施封山育林（草）、退耕还林还草、草地改良，稳定和提高黄土高原地区植被盖度。以库布其、毛乌素等地为重点，

通过人工治理与自然修复相结合、生物措施与工程措施相结合，建设完善沙区生态防护体系。

3. 秦岭生态保护和修复

全面加强大熊猫、金丝猴、朱鹮等珍稀濒危物种栖息地的保护和恢复，积极推进生态廊道建设，扩大野生动植物生存空间。切实加强天然林及原生植被保护，开展退化林修复，提高自然生态系统的质量和稳定性。

山西省柳林县黄河冬季

秦岭精灵——金丝猴

4. 贺兰山生态保护和修复

全面保护天然林资源，实施封山育林、退牧还林，加强水源涵养林、防护林建设和退化林修复。全面清理和退出300多个矿山矿点，并开展矿山生态修复。加强防风固沙体系建设，加强水土流失预防。加强珍贵稀有动植物资源及其栖息地保护。

贺兰山下的母亲河

黄河入海口湿地

5. 黄河下游生态保护和修复

根据黄河下游滩区用途管制政策，因地制宜退还水域岸线空间，开展滩区土地综合整治，保护和修复滩区生态环境。加强黄河下游湿地特别是黄河三角洲生态保护和修复，促进生物多样性保护和恢复，推进防护林、廊道绿化、农田林网等工程建设。

6. 黄河流域重点生态区矿山生态修复

大力开展历史遗留矿山生态修复，实施地质环境治理、地形重塑、土壤重构、植被重建等综合治理，恢复矿山生态。目前黄河流域生态保护修复已取得重大进展，京津冀周边及汾渭平原废弃露天矿山生态修复项目主体已全部完工，进入竣工验收阶段，这些项目累计治理面积2859公顷。在黄河流域重点地区，山西省大力开展废弃露天矿山生态修复，在6市29县实施了1223公顷治理修复任务。扎实推进汾河中上游山水林田湖草生态保护修复工程试点项目，总投资83.07亿元，涉及2个市和6个县（市、区）共81个项目，治理面积1472.95平方千米；项目完成后，可综合治理地表塌陷及地质灾害面积74.77平方千米，水源涵养面积233 平方千米，农用地整治面积44.10平方千米，沟坡治理面积34.09平方千米。探索推进国家全域土地综合整治项目，争取国家试点项目20个，通过项目实施，可新增耕地面积2866.67公顷，调整基本农田面积260余公顷，结余建设用地面积500余公顷，有力保障了山西省乡村振兴用地需求。

此外，黄河流域还涉及三江源自然保护区生态保护建设工程、“三北”防护林工程、天然林保护工程、退耕还林工程、退牧还草工程、青海湖流域生态综合治理工程、黄河重要补水区生态综合治理工程、川西高原（甘孜、阿坝藏区）生态综合治理工程、祁连山总体规划、三江源二期工程等。

三、推进黄河流域生态廊道建设

与生态廊道相关的概念起源可追溯至1959年，美国学者William首次提出了绿道（Greenway）的概念，并在北美和欧洲国家受到高度重视和关注。生态廊道被视为具有保护生物多样性、过滤污染物、防止土壤流失、调控洪水等生态功能的廊道类型，是支撑生态系统运作的重要部分。

景观生态学中的廊道（corridor）是指不同于周围景观基质的线状或带状景观要素，生态廊道（ecological corridor）则是指具有保护生物多样性、过滤污染物、防止水土流失、防风固沙、调控洪水等生态服务功能的廊道类型。生态廊道主要由植被、水体等生态性结构要素构成，它和“绿色廊道”（green corridor）表示的是同一个概念。美国保护管理协会（Conservation Management Institute，USA）从生物保护的角度出发，将生态廊道定义为“供野生动物使用的狭带状植被，通常能促进两地间生物因素的运动”。通过建立生态廊道实现生物多样性保护、河流污染控制等多种生态功能，同时满足人类日益增长的亲近自然的需要，已成为现代景观及城市规划领域的共识。生态廊道包括3种基本类型：线状生态廊道（linear corridor）、带状生态廊道（strip corridor）和河流廊道（ stream corridor）。线状生态廊道是指全部由边缘种占优势的狭长条带；带状生态廊道是指有较丰富内部种的较宽条带；河流廊道是指河流两侧与环境基质相区别的带状植被，又称滨水植被带或缓冲带（buffer strip）。

1. 建设河流生态廊道的重要意义

河流是高度动态的生态系统，易受周围景观的影响，因此，河流生态学强调要把河流及其附近的土地视作一个整体来研究。在景观生态学中，把河流与其附近的土地定义为河流廊道，认为河流沿岸土地具有重要的功能意义。用四维框架模型来描述河流生态系统，即纵向（上游—下游）、横向（洪泛区—高地）、垂向（河道—基底）和时间分量（每个方向随时间变化），在纵向上，河流是一个线性系统，常表现为交替出现的浅滩和深塘。浅滩增加水流的紊动，促进河水充氧，干净的石质底层是很多水生无脊椎动物的主要栖息地，也是鱼类觅食的场所；深塘则是鱼类的保护区和缓慢释放到河流中的有机物的储存区。

河道的一个典型特征是蜿蜒曲折，天然河道很少是直的。与直线河流相比，弯曲河流呈现更多的生态环境类型，拥有更复杂的动物和植物群落。在横向上，大多数河流廊道由三部分组成，即河道、洪泛区、高地边缘过渡带。洪泛区是河道一侧或两侧受洪水影响、周期性淹没的高度变化的区域。洪泛区可拦蓄洪水及流域内产生的泥沙，这种特性可使洪水滞后。高地边缘过渡带是洪泛区和周围景观的过渡带，因此，其外边界也就是河流廊道本身的外边界。该区常受土地利用方式改变的影响。在垂向上，河流可分为水面层、水层区和基底区。对于许多生物来讲，基底起着支持（一般陆上和底栖生物）、屏蔽（如穴居生物）、提供固着点和营养来源（如植物）等作用。基底的不同结构、组成物质的不同稳定程度，及其含有的营养物质的性质和数量等，都直接影响水生生物的分布。

灵宝东古驿黄河生态廊道

从河流廊道的角度来研究河流生态系统的功能，对指导河流生态修复有重要意义。随着空间和时间的变化，水与其他物质、能量和生物在河流廊道内发生相互作用。这种作用提供了维持生命所必需的功能，如养分循环、径流污染物的过滤、吸收并逐渐释放洪水、提供鱼和野生动物的栖息地、补充地下水、保持河流流量等。河流廊道作为一个整体发挥着重要的生态功能，可概括为以下几方面：栖息地、通道、过滤、屏障、源和汇。栖息地作用：河流廊道特殊的空间结构，适合生物生存、繁殖、迁移，并提供食源。栖息地的功能受廊道的宽度和连接度

影响，宽度大、连接度高可增加栖息地的质量。通道作用：河流廊道输送水和泥沙，流动的水输送并储存食物。其他物质和生物通过河流廊道移动。过滤或屏障作用：如岸边植被带可控制非点源污染，降低径流中污染物的含量，截留径流中的有机物。源和汇：源为相邻的生态系统提供能量、物质和生物；汇与源的作用相反，是从周围吸收能量、物质和生物，例如，河流堤岸常作为河流泥沙的来源，但在洪水时，堤岸又常作为汇，形成新的泥沙淤积。从河流生态廊道的重要意义来说，黄河生态廊道的建设是保护黄河、让黄河能够可持续发展至关重要的一环。

孟津黄河生态廊道

2. 黄河生态廊道建设成效

2019年9月之后，黄河流域生态保护和高质量发展正式上升为重大国家战略。山东省作为黄河生态廊道建设的下游重要省份之一，2019年已经初步建立起“总体规划+专项规划+政策措施”三位一体的规划政策体系，并且配套重大项目建设，建立了省级重点项目动态储备库，仅在2019年就开工建设了十大类、390个重点项目，其中有近100个生态保护的项目。时至今日，经过3年多努力，山东沿黄地区设立各级各类自然保护地90个，自然保护地面积达74万公顷。目前，山东省正积极创建黄河口国家公园，整合优化黄河三角洲国家级自然保护区周边8个自然保护地，并且积极组织湿地保护修复、水系连通、互花米草治理等一系列项目。

在《山东省“十四五”生态环境保护规划》(以下简称《规划》)中，明确了“十四五”时期生态环境保护10项重点任务，其中10项重点任务的第四条明确表示强化“三水”(水资源、水生态、水环境)统筹，推进黄河流域生态保护与环境治理，并且对黄河流域生态保护

济南玉符河湿地

等工作进行了具体部署。《规划》对黄河生态廊道建设的重要性进一步进行了诠释，并且明确了“十四五”时期山东省对于黄河生态廊道建设等生态环境保护工作的指导思想、基本原则和主要目标，科学谋划了重点任务、主要举措和保障措施，确定了“时间表”“路线图”，对深入推进黄河生态环境保护、促进黄河可持续发展具有十分重要的意义。

2023年10月，山东省人民政府印发了《山东省沿黄生态廊道保护建设规划（2023—2030年）》，提出立足黄河山东段自然地理特征，以黄河干流为骨架，以12条一级支流脉络，以自然保护地、水利风景区等重要生态节点为支撑，坚持左右岸、堤内外、干支流、点线面统筹布局，构建“一干三段，多支多点”的空间格局，打造集生态屏障、文化弘扬、休闲观光、生态农业于一体的复合生态廊道，为黄河流域生态保护提供山东路径、作出山东贡献。目标是建成大江大河生态廊道保护建设新标杆、全国流域生态保护治理新样板、黄河流域城河互促共融新典范、山东省生态文化旅游发展新高地。

东营黄河三角洲

四、开发黄河流域重要生态产品

2010年，国务院发布的《全国主体功能区规划》中首次提出了生态产品的概念，认为“人类需求既包括对农产品、工业品和服务产品的需求，也包括对清新空气、清洁水源、宜人气候等生态产品的需求”，将生态产品与农产品、工业品和服务产品并列为人类生活所必需的、可消费的产品。可以说生态产品不只是农产品、林产品以及副产品这种可以直观进入市场价值的产物，也是包括水源涵养、土壤保育、气候调节等不易进入市场进行量化的生态系统价值。

1. 黄河上游重要生态产品（以青海省为例）

青海省作为黄河的上游省份，有着重要的自然地位和经济地位，从2000年开始，青海省经济的年均增长率达到了20%以上。截至2016年，青海省的生产总值为2572.49亿元，较2015年增长了6.43%。第一产业产值为221.19亿元，同比增加5.87%。青海省畜牧业经济较为发达，全省各类牲畜的存栏数为2026.8万头（只），肉类总产量为36.04万吨，奶类产量为34.22万吨，羊毛羊绒的产量达2.07万吨，禽蛋2.39万吨。

青海由于独特的地理位置和气候条件，有着丰富的生物多样性价值以及多种多样储量丰富的自然资源。在野生动植物资源方面，青海省是我国重要的保护区域，经济动物有400种

巴颜喀拉山雪原野马

小柴旦湖红嘴鸥

以上，野生动物250多种，国家一级保护动物有10多种，野生牦牛500万头以上，仅陆栖脊椎动物就有270余种。野生植物群落中，经济植物有1000余种，药用植物680余种。多种野生动植物是国家一、二级重点保护对象。

在矿产资源方面，青海省多种矿产资源储量在全国占有一席之地，已发现的矿产资源多达120种，探明储量的就有110种；有色金属、黄金资源储量也较高，非金属资源已发现36种，其中5种位列全国第一。在石油、天然气资源方面，青海省已发现16个油田、6个气田，石油储量多达12亿吨，天然气储量达2937亿立方米。

青海省有着丰富的水资源，在水权交易也作为生态产品实现的重要一环的现在，青海省无疑有着极为丰富的生态产品。在水能资源方面，青海省河流数量较多，且水量大，如黄河、通天河、湟水、大通河等，境内水能资源蕴藏量达2165万千瓦，年发电量可达770亿千瓦每小时。

达日黄河谷地

青海坎布拉湖

三江源国家公园作为青海省的代表区域，在水源涵养方面有着极为重要的作用。作为长江、黄河、澜沧江三条江河的发源地，多年平均径流量499亿立方米，其中长江184亿立方米，黄河208亿立方米，澜沧江107亿立方米，水质均为优良。国家公园内湖泊众多，面积大于1平方千米的有167个，其中长江源园区120个、黄河源园区36个、澜沧江源园区11个，以淡水湖和微咸水湖居多。雪山冰川总面积833.4平方千米，河湖和湿地总面积29 842.8平方千米。整体来看，三江源国家公园水源涵养量有着非常重要的价值。

2. 黄河下游重要生态产品——以山东省为例

山东省作为黄河的下游省份，有着相当重要的经济地位和自然地位，并且山东作为中国第三大经济省和第二大人口省，农产品以及相关联的第一产业的产品产出，是山东省生态产

黄河三角洲——鸟类“国际机场”

品价值的主要实现手段。2019年，山东省农林牧渔业增加值5476.5亿元，按可比价格计算，比上年增长1.7%；粮食总产量535.7亿千克，增加3.75亿千克，连续6年过500亿千克；无公害农产品、绿色食品、有机农产品和农产品地理标志获证产品10 110个，增长9.1%。

2019年，山东省除险加固大中型病险水库18座、小型病险水库1205座、大中型病险水闸61座，防洪治理受灾重要河道9条，完成大中型灌区续建配套与节水改造项目43处；新增、恢复、改善灌溉面积16.4万公顷，综合治理水土流失面积1285平方千米，健康养殖示范面积11万公顷，新增国家级、省级水产健康养殖示范场分别为34处和37处；农作物耕种收综合机械化率超过87%，畜禽粪污综合利用率87%。

与此同时，山东省也有着丰富的生物资源，该部分也作为重要生态系统服务价值之一，

黄河入海口湿地，一对东方白鹳共筑爱巢

是重要的生态产品。山东境内有各种植物3100余种，其中野生经济植物645种；树木600多种，分属74种209属，以北温带针、阔叶树种为主；各种果树90种，分属16科34属，山东因此被称为“北方落叶果树的王国”；中药材800多种，其中植物类700多种。

陆栖野生脊椎动物500种，其中兽类73种，鸟类406种（含亚种），爬行类28种，两栖类10种。陆栖无脊椎动物特别是昆虫种类繁多，居全国同类物种之首。在山东境内的动物中，属国家一、二级保护的珍稀动物有71种，其中国家一级保护动物有16种。

正在申报国家公园的山东黄河三角洲国家级自然保护区是中国沿海最大的海滩自然植被区，区域内淡水浮游植物共有8门41科97属291种；海洋浮游植物有4门116种；自然分布的维管束植物有46科128属195种；栽培植物26科63属83种。野生植物以菊科（Asteraceae）、禾本科（Gramineae）、豆科（Fabaceae）、藜科（Chenopodiaceae）居多；在整个自然保护区范围内植被覆盖率为55.1%，以自然植被为主，占植被总面积的91.9%。

保护区内植物物种组成较为单一且植物区系组成较为简单，其中耐盐植物较为丰富，共计71种，占保护区内所有植物物种的36.41%。这是由区域的独特地理位置和水文—土壤特性所决定的。森林覆盖率为17.4%，主要为自然柳林和人工刺槐（*Robinia pseudoacacia*）林、人工杨树（*Populus przewalskii*）林等，人工刺槐林达5600公顷。植被覆盖率为55.1%，其中国家二级保护植物野大豆（*Glycine soja*）分布十分广泛，初步调查其分布面积约4300公顷；区内还有芦苇沼泽26.51万公顷，天然草地12.07万公顷等。在研究区域内植被主要以盐地碱蓬（*Suaeda salsa*）、芦苇（*Phragmites australis*）、柽柳（*Tamarix chinensis*）和白茅（*Imperata cylindrica*）等为主，在滨海湿地，随着水文等环境梯度的变化，植物群落的异质性较为明显。可以说，黄河三角洲在中国乃至全世界都有着重要的生态价值，生物多样性价值是山东省必不可少的生态产品之一。

作为黄河战略的上游和下游代表区域，青海省和山东省的生态产品有着较为明显的区别。一方面是以自然资源为代表的较难进行生态产品价值实现的生态系统服务，另一方面是

黄河三角洲芦花飞雪

以农产品输出为主的生态产品，但两方面均为生态产品的重要构成，是当今社会发展以及解决“提供更多优质生态产品以满足人民日益增长的优美生态环境需要”主要矛盾的重要一环。

五、健全生态环境治理体系，增进乡村民生福祉

目前，我们必须正视黄河流域乡村振兴战略实施面临的现实困境，补短板、强弱项、激活力、抓落实，为实现流域乡村经济社会的高质量发展助力。

1. 构筑生态屏障，健全生态环境治理体系

黄河水少沙多，水土保持以及生态修复无疑是黄河生态治理的一个关键节点。一是加强黄河流域的生态环境治理和保护，着重解决黄河流域的水量、水质、水土等问题，以黄河周边土地沙化、退化草原巩固治理为重点，建设黄河流域生态保护区；以黄土高原区水土流失保护治理为重点，持续开展水土流失治理；强化黄河流域干流和支流、水域与陆域的统一管理保护；实施黄河流域山水林田湖草一体化生态综合系统的修复和治理。二是推进水资源节约集约利用，坚持以水定域、以水定地、以水定人、以水定产，合理规划流域人口、城市和工业发展，建立以经济手段节约用水为主的机制，推动由粗放型用水向集约型用水转变。三是建立健全生态保护机制，实行最严格的生态保护制度，依据相关政策法规，结合黄河生态实际，列出生态保护负面清单，并加快实施生态补偿机制，推动黄河流域建立横向生态补偿机制，积极争取中央财政加大对黄河流域生态补偿的支持力度。

2. 转变产业结构，推进沿黄区域协同发展

目前，黄河流域农村农业经济协调发展过程中存在资金不足、政策缺失的问题，使得农业经济的整体发展滞后。为了能够极大程度上解决这一问题，需要政府基于农村经济发展过程给予充足的资金支持，并设置明确的政策规定，加强政府的引导。同时，应更新农业经济协调发展过程的发展理念和发展模式，并引入创新型人才，这对农村农业生产效率的提升具有重要的影响意义。

推进结构性改革，是兴农之要。创建一批国家级现代农业示范区和有机产品认证基地，要以质取胜，推进规模化、标准化生产，打响黄河流域绿色农业品牌建设，积极培育发展多种模式的生态农业，并发展节水节能农业、绿色有机农业、特色创意农业、现代立体农业等

现代农业。一是要立足本地特色农业资源优势，抓好特色产业专业村和专业镇建设，高质量持续推进“一村一品”“一乡一业”建设，延伸农产品加工、包装、宣传、销售产业链条，发展现代农业产业。二是大力实施品牌营销战略，积极培养现代品牌意识，通过举办区域农产品推广会、展销会及利用微博、微信公众号等现代新媒体方式大力宣传推广本地特色优质农产品，持续提升区域特色品牌的影响力。在乡村振兴战略实施过程中，黄河流域各地应当树立合作共赢的发展理念，以全局性观念整合区域内的各乡村特色农业，实施统一规划串联发展。根据“区域经济一体化”的理论与实践，要发展黄河流域农业，应清除行政区域内不利于交流的障碍，加强合作，实现资源共享，并共同开发整个已有资源，以共建共享模式提升区域竞争力，在节约资本的同时提高投入与产出比，实现共赢。

黄河乾坤湾

3. 推进城乡统筹协调发展，带动农村经济增长

政府应对以往黄河流域农村经济的发展政策进行优化，补充适合于乡村振兴发展的政策内容，解决当前农村劳动力过剩的问题，并对农产品的生产建立质量保障体系，给予可靠的激励政策的支持。同时，应利用多元化的帮扶措施，落实流域内乡村经济振兴各个环节的任务目标，建设城市对农村的反哺机制，以城市经济为核心推动力，带动农村经济的进一步发展。此外，为推进城乡统筹协调发展，还需要结合市场运作需求，提高农村经济水平。在当

黄河文化公园

代社会的发展过程中，为了能够进一步实现乡村振兴战略目标，就必须要利用城乡统筹的发展方式，建立现代化的品牌管理理念，结合我国不同农村地区的差异特征和发展现状，开展相关的农业生产活动，提升当地农村农业的品牌效益。为了能够提升流域内农村经济的发展水平，需要通过开发特色农产品，建立黄河流域农产品品牌特色，使其具备不同的地区特性，并根据产品的附加值，增强农产品在人们生活中的使用感受，不仅要极大地满足人们的生活需求，还可以通过高科技的产品加工，提升整体的产品价值，实现农村更高的经济效益。

4. 强化科技及人才投入力度，促进科技振兴发展

随着时代的不断进步，我国科学技术水平有了显著的提升，乡村振兴战略的实施还需要结合当代的社会背景，根据当前农村的实际经济发展现状完善农村经济发展结构。其中党中央及国务院在2020年的政府年度工作报告中对农村经济的发展规划制定了明确的要求，不仅需要注重农业发展模式和发展理念的更新，还需要科学合理地应用科技时代发展下的产物，促进科技振兴。对此，为了能够进一步强化科技及人才投入力度，就需要增强对农业科技人员的培养力度，培养具备科技创新意识和专业能力的高水平科技人才，能够研发与农村农业生产有关的先进技术产品，这样才能够为我国科技振兴的发展提供源源不断的动力支持。不过，需要注意的是，科研人员在研发科技产品的过程中必须满足农民的技术使用需求和文化水平，使农业科研成果转化出更高的价值，以免由于农民的文化水平不高，无法正确使用相关先进的新型技术。与此同时，为了能够有效推动科技振兴的发展进程，提高我国农村区域经济发展水平，还需要加强对科学技术的宣传力度，使农民了解科技驱动的重要性。

5. 优化基层组织，促使相关规划高效执行

在乡村振兴战略持续实施中，沿黄区域要以政策法规为指引，号召村委会学习与积累处理新问题的方法与经验，充分发挥战斗堡垒作用；要发展农村社会组织，积极拓宽村民参与村庄治理的渠道；要树立法律权威性，善于结合实际案例对与“三农”问题紧密相关的法律条文进行剖析；要营造歌颂新乡贤、学习新乡贤、争当新乡贤的良好氛围，从而为推进黄河流域乡村治理体系与治理能力现代化、促使相关规划高效执行助力。黄河流域乡村经济社会发展要树立“一盘棋”意识，确保乡村振兴规划与生态保护、文化创意、社会建设等项目有机衔接，以及民政、人社、文化、卫生、教育等政府职能部门协同配合，力争有效实施乡村发展项目与高效利用乡村振兴资金。要通过实地调研，摸清家底，分类指导，宜农则农、宜牧则牧、宜游则游，确保每个村庄都有合理、精准、长远的发展规划。要盘活农村各类闲置要素，探索农村集体产权担保、抵押、转让等办法，力争实现黄河流域农村资源要素与城市工商资本更好对接。

6. 延续文化根脉，推动黄河文旅融合发展

黄河流域文化资源种类丰富、数量众多，例如土地革命和抗日战争时期形成的红色文

化资源是陕西省文化资源的主体。保护传承弘扬好陕西省黄河流域的优秀文化，做好文化遗址保护和文化旅游产业发展，对整个区域的发展具有重要的意义。应打造不同层级的文化品牌，形成特色鲜明且有特定主题的遗址文化创意产品体系，实现文化品牌的构建；突出品牌特色，推动沿黄生态旅游产品开发。同时，加大财政、土地、金融等的政策支持力度，释放文旅融合发展的巨大潜能，加强文化和旅游行业管理部门的智能优化与融合，做到“能融则融，应融尽融”。打造陕西黄河文化时代价值。此外，要推动黄河文化“走出去”，加强国际交流，建设黄河文化国际合作交流中心，搭建世界大河文明交流互鉴平台；推动弘扬黄河精神，挖掘姓氏文化、河洛文化、关中文化等文化资源，构筑华夏儿女精神家园和心灵故乡，总结民族奋斗精神；讲好“黄河故事”，推出一批黄河文化的艺术作品、专著和新媒体节目。

黄河古渡，羊皮筏子

黄河流域生态高质量发展存在的问题与对策

一、黄河流域生态脆弱且整体性、系统性退化问题突出

黄河流域的自然环境条件决定生态环境脆弱是它的典型特征和自然基础。流域约有65.6%的区域为干旱、半干旱地区，有3/4以上的区域属于中度以上脆弱区，高于全国的平均水平。相比长江和珠江，黄河水沙通量对气候变化和人类活动的响应更为敏感，脆弱性也更高。同时，黄河流域上、中、下游地区的生态问题差异明显。

1. 上游地区草原湿地生态系统退化，水源涵养功能下降

上游地区尤其是黄河河源区是维系流域生态健康的根本，水源涵养功能极其重要，但受人类活动影响，黄河上游尤其是河源区的天然草地、湿地退化问题突出。此外，黄河河源区降水量偏少、冰川退缩、部分湖泊湿地萎缩、河川径流减少，甚至出现断流现象；过度放牧等引起草场退化、荒漠化面积不断增加，致使黄河源区的高覆盖高寒草原、高覆盖高寒草甸以及中覆盖高寒草原的面积大幅减少。加上三江源地区仍有约64.5%的退化草地尚未恢复，草地退化局面未根本扭转。甘南黄河重要水源补给生态功能区有80%的天然草原出现不同程度退化，草地鼠害严重，黑土滩、沙化面积不断增加，水土流失加剧，湖泊沼泽萎缩严重。受人为疏干改造、过度放牧影响，若尔盖草原湿地面积大幅度减少，草原退化、沙化加剧。

鄂尔多斯高原及其周边地区是我国重要的风沙活动区，近年来国家对库布齐沙漠、毛乌素沙地的治理取得了一定成效，但局部区域沙化和荒漠化趋势尚

未根本遏制，未治理的区域仍占较大比例，人口密度较大的区域荒漠化趋势极易出现反复现象；乌兰布和地区沙地呈扩张趋势，黄河流经的腾格里沙漠东部、贺兰山西麓地区也呈现明显扩张态势；河套平原区土地盐碱化、湖泊沼泽化、水质恶化问题突出。

2. 中游地区生态系统脆弱，水土流失依然严重

中游地区尤其是黄土高原地区的水土保持功能极其重要，直接关系到中下游地区的防洪安全与生态安全。我国在黄土高原先后实施了梯田和淤地坝建设、小流域综合治理、“三北”防护林建设、退耕还林（草）、坡耕地整治和治沟造地等一系列水土保持工程措施，水土流失范围逐渐缩小、程度减轻，入黄泥沙量显著下降，取得了显著的生态效益。但由于区域敏感脆弱的生态本底加上人类活动的影响，目前区域水土流失问题依然严重。2020年，尽管黄土高原范围内的水土流失面积较2011年减少了11.4%，但仍有20.8万平方千米亟待治理，其中约40.2%为中度以上水土流失区，且多为粗沙区；黄河多沙粗沙水土保持重点防治区内的水土流失面积为10.8万平方千米，其中约46.4%为中度以上水土流失区，治理任务极其繁重。

当前，部分水土流失治理工程措施的后期经营维护不足，部分梯田、淤地坝缺乏维修和管护，经济林普遍低效粗放经营，部分人工林林分结构单一、生态稳定性与服务功能低，且黄土高原当前人工植被恢复已接近区域水分承载力上限。总体来看，中游地区的水土流失治理问题仍然较为突出，以减缓水土流失和增加耕地面积为主的单一目标导向，与新时期国家生态文明建设、乡村振兴战略等目标要求存在较大差距。

3. 下游滩区问题复杂，河口三角洲湿地萎缩

黄河下游滩区既是行洪、滞洪和沉沙的重要区域，也是滩区人民生产生活的重要场所，受制于特殊的自然地理条件和安全建设进度，长期以来滩区经济发展相对落后，防洪、生态保护治理与滩区居民生产生活之间的矛盾日益突出。

黄河三角洲生态地位极为重要，是东北亚内陆和环西太平洋鸟类中转、繁殖和越冬的核心栖息水生境。但受上游来水来沙量减少和人为干扰影响，长期以来三角洲尤其是河口湿地不断萎缩退化，生物多样性下降，珍稀濒危鸟类栖息生境受到严重威胁，土地盐碱化问题也十分严重。尽管2002年以来进行了调水调沙、生态补水等措施，黄河三角洲自然保护区芦苇沼泽湿地恢复较好，但区域生态逆向演替趋势尚未根本扭转，自然湿地面积总体上与20世纪90年代水平仍有较大差距。

二、黄河流域协同管理体制机制不完善

黄河流域城市经济发展水平自上游至下游逐渐提高，上游城市经济发展还有较大的提升空间，而且上游城市的居民生活水平相比中下游城市差异化程度更大，城市发展不平衡问题较为突出。黄河流域城市整体经济密度水平较低，尚有很大的提升空间。黄河流域城市建设用地整体利用水平较低，工业化发展空间和发展潜力较大，节能减排降耗潜力较大。从经济发展、资源利用和环境污染三个角度进行城市发展现状分析，对于改变黄河流域城市过往低效粗放的传统发展方式，促进形成资源集约高效利用的新发展模式，促进黄河流域区域协同发展以至全流域生态保护和高质量发展具有重大意义。然而，黄河流域各区域合作尚存在以下三个问题。

1. 立法支持不健全，合作保障机制不完善

长期以来，我国在区域合作立法方面盲区较大，涉及流域合作的政策、法规尚不完善，制度供给整体不足。近年来，国家规划出台了一系列关于城市群、经济带、经济区、试验区等跨地区合作的顶层建设，均涉及地方政府间合作，但对于合作过程中地方政府行为的考核、约束、绩效、监督等方面并没有明确的法律指引。在此背景下，黄河流域九省（区）地方政府之间的合作同样面临法律支撑不足、顶层设计缺失以及地方政府行为无法监督规范、合作绩效无法考核的局面。同时，还缺乏有效的激励与约束机制以及合作绩效考核机制，对能够积极合作的部门或企业无法给予奖励和肯定，对于地方政府合作中存在的不作为、恶性竞争、过度干预等问题也没有相应的惩罚措施，以致严重影响合作积极性。在对地方政府绩效考核过程中，缺乏合作方面的考核内容，也没有相关法律规范和支撑考核地方政府之间的合作行为和方式。加上环境治理的天然外部性属性，容易产生“搭便车”行为，降低了地方政府合作治理流域生态环境的能动性。

2. 行政区划壁垒仍存，部门冲突不断

长期以来，我国对水资源实行流域管理和行政区域管理相结合的管理体制，但对于流域管理主体与区域管理主体之间的权责关系并没有明确清晰的界定。黄河流域由沿黄9个省级行政区按行政区划进行管辖，9个省级行政区的经济发展水平差距较大。例如，

2020年山东省地区生产总值是青海省的24.33倍；山东省人均GDP为黄河流域平均值的1.44倍。具体来看，2020年，位于黄河下游的山东省和河南省地区国民生产总值分别为73 129亿元和54 997.07亿元，在全国地区生产总值排名中位列前五。位于黄河上游的甘肃省、宁夏回族自治区、青海省地区国民生产总值分别为9016.7亿元、3920.55亿元以及3005.92亿元，在全国地区生产总值排名中位列后五。据测算，山东省工业增加值、全社会固定资产投资、地方财政收入、GDP总量等指标比青海、宁夏、甘肃、山西、内蒙古、陕西等6个省区的总和还要多。黄河上游和下游之间巨大的经济差距，使得地方政府对环境的重视和投入程度也各不相同，整个流域难以做到协调合作。另外，黄河流域生态环境管理职能分属于生态环境厅、自然资源厅、水利厅等多个部门，在实际工作中容易出现责任不明确、条块分割等问题，流域环境治理和监管困难。胡鞍钢等在对黄河水利委员会干部评价调查中发现，相较于沿黄省级行政区间的矛盾，地方政府内部的部门冲突才是流域治理中最大的矛盾。

3. 流域内利益共同体尚未形成，地方合作的市场功能弱化

相对于长江流域，地处北方的黄河流域市场力量发展较为滞后，市场化发展程度较低，产业发展仍然以辖区利益最大化为原则，自由流动的区域市场难以形成。流域内国有经济的占比较高，民营经济发展较为迟缓，政府对企业的控制力较强，企业的经济行为缺乏活力，市场力量相对较弱，带有明显的政府行为特征。省级行政区之间协同治理、合作发展难以取得实质性突破，黄河流域生态保护的利益共同体尚未真正形成，市场主体功能没有得到充分发挥，流域合作潜力没有得到充分挖掘。加上流域环境治理具有公共性和外部性，且治理成效很难立竿见影，难以体现在地方政府官员的短期个人政绩中，因此地方官员在政绩考核和个人升迁的压力下，很难对流域生态环境治理投入过多，且由于流域环境治理的外部性特征，容易产生“搭便车”心理。

三、黄河流域乡村民生发展不足

乡村振兴战略是农村经济社会发展的重要战略，准确把握与充分认识实施中面临的现实困境，对促进乡村经济社会的高质量发展将大有裨益。

1. 生态治理任务艰巨

沿黄地区总体土质堆积深厚，沟壑纵横，例如目前，榆林北地区长期采煤活动引发的生态破坏问题显著，地面塌陷、植被覆盖差、水土流失敏感程度高；榆林南和延安生态脆弱、水资源缺乏，农业污染严重，黄土高原河流沿岸水土流失问题突出；渭南地区水污染和大气污染形势都十分严峻。同时，沿黄地区的部分村庄还存在诸多生态问题，例如少数村庄污水排放不合理、垃圾堆放不规范、牲畜粪便随意堆积等现象使水资源遭受到了污染。上述行为对沿黄地区的农村生态环境带来了极大的影响，治理生态环境是当前最紧急的任务。

2. 经济发展质量较低

在我国工业高速发展和城市化进程不断推进的过程中，农村经济的发展停滞不前，产生了城市与乡村的二元化发展差异，进而导致很多农村居民选择在城市生活和工作，使得农村地区老人和儿童的数量较高，无法进行农业工作和劳动。另外，我国粮食生产存在结构性过剩的隐患，在农产品的生产过程中没有建立规范的标准化制度和监督体系，使得农产品的质量无法达到无公害的检测标准，导致农产品的生产和销售质量严重下降，并且销售价格也无法与低收入阶层的消费水平相匹配，致使发生消费结构紊乱的现象。目前，沿黄地区的乡村经济发展质量较低。首先，大部分乡村人口向城镇聚集，乡村缺乏年轻的劳动力，经济失去了活力与生机。其次，由于资源环境约束不断加强，粗放的农业发展方式也更加显著。再

黄河流经黄土高原，携带大量泥沙奔流而下

次，在居民消费水平升级的情况下，乡村农产品的竞争力不高，农产品的价格上升空间较为有限。最后，乡村经济的现代体系尚未建立健全，除农业外，乡村的工业、旅游业等发展也较为缓慢，特色种植和旅游资源还未能良好融合，假日农业、休闲农业、观光农业、旅游农业等新型农业产业链尚未形成。

3. 农业基础设施建设不完善

我国是农业大国，为了能够有效缩小农村与城市经济发展的二元化差异，党中央、国务院增加了农业基础设施建设的资金支持，这对农村经济基础设施的建设有一定的改善。不过在农业的发展过程中，不可或缺的就是功能齐全的水利机械化设施的支持，这样才能够提高农业的生产效率和生产质量。目前由于一些地区农村的经济发展较为落后，没有先进的农业设备的支持，以及缺乏健全的管理制度，使得农村一些机械化操作无法正常展开，极大程度上阻碍了现代化农村经济的发展。不仅存在农业基础设施建设不完善的问题，还由于农村基础设施建设过程中没有充足的资金支持和政策支持，导致基础设施建设无法满足农业生产要求，成为我国农村经济发展上的一大阻碍。

4. 农业科技创新与推广相对滞缓

随着时代的不断进步，我国科技水平有了显著的提升，为了使农业的发展能够跟上现代化的时代步伐，就需要科学合理地利用先进的科学技术，来提高整体的农业经济发展效率，推动乡村振兴发展战略的实现。目前由于我国农业科技创新与推广相对滞缓，使得农业的发展技术较为落后，无法为农业经济水平的提升提供高水平的技术支撑，使农业的发展缺乏创新科技支撑。另外，由于我国对农业科技的普及度不高，因此很多农业从业者无法利用创新型的科学技术优化农业经济结构。科研工作者也忽视了对农村生产结构的完善，没有融入创新的科学技术，忽略了对农村居民生产需求的认知，以及没有健全的政策支持，因此无法提升各部门之间的合作力度。

5. 基层组织建设不完善

沿黄地区对乡村振兴规划的落实执行存在诸多问题。首先，有关乡村振兴战略实施的各个部门易出现各自为政的现象，使建设项目重复、资金被浪费，乡村振兴战略实施进程变得缓慢。其次，虽然各地提出了要因时、因地制宜实现乡村振兴战略，但还是有部分地区没有客观全面地考虑自身自然条件，盲目种植新的农作物和发展旅游业等。最后，部分农村地区还存在产权制度改革缓慢的问题。一些地区的农民由于思想固化，很难接受农村的产权制度改革，在一定程度上也阻碍了农业规模化、产业化的发展。

6. 文化建设较为落后

沿黄地区乡村的文化建设还存在许多不足，例如陕西沿黄地区主要的文化旅游资源单体有556个，但大多地处黄土高原，面临遗落在生态退化的黄土高原的风险。沿黄地区乡村的文化建设存在的不足主要体现在以下几个方面：首先，缺乏对优秀传统文化遗产的继承和发展，部分沿黄地区优秀传统文化中所蕴含的思想观念、道德规范与人文精神未被当地人民深刻阐释和转化运用；其次，农村用于文化建设的资金不足，沿黄地区乡村振兴的财政资金大多被投入到了经济建设方面，文化建设方面相对较少；最后，农村文化建设的管理体制不完善，农村从事文化建设的相关人员文化素质有待加强，工作积极性有待提高，工作考核评价机制有待完善。

黄河流域生态保护和高质量发展展望

一、贯彻新发展理念，构建新发展格局

黄河流域生态保护和高质量发展，对于区域协调和平衡发展具有重要推动作用。推动黄河流域生态保护和高质量发展需要按照“五位一体”的总体布局，贯彻落实创新、协调、绿色、开发、共享的新发展理念，流域各个省份要根据新发展阶段的新要求，深化改革、创新发展，整体推进、协调发展，生态优先、绿色发展，互利互惠、开放发展，共商共建、共享发展，构建可持续的高质量发展机制。

随着黄河流域生态治理不断加强，越来越多的鸟类在黄河滩区栖息。
图为晋南河津黄河湿地的灰鹤

1. 深化改革、创新发展

创新是引领发展的第一动力。坚持创新发展是解决黄河流域发展不平衡不充分问题、推动黄河流域高质量发展的根本之策。坚持创新发展，首先要构建以黄河为纽带、以城市为载体、以产品为核心、以市场为导向的协同创新机制，加快新旧动能转化，提高黄河流域经济增长的质量和效率。同时，将甘肃、陕西、宁夏等曾为古丝绸之路黄金主干道的省区与“一带一路”建设深度融合，充分挖掘黄河流域优秀的历史文化资源。其次，要重视科技创新的作用，鼓励把新技术、新模式、新的生产方式应用到生产过程中，带动新兴产业的发展。充分利用大数据、人工智能、物联网、区块链以及生物医药、科技环保、新能源、新材料等战略性新兴产业，发展一批既有市场潜力又能节约资源能源的产业，取缔一批高污染、高耗能、高排放的污染型企业。此外，我们还需“加强科学研究，完善防灾减灾体系，提高应对各类灾害能力”。最后，要推进黄河流域生态保护和高质量发展的制度创新。生态环境制度包括自然资源资产产权制度、生态保护红线制度、资源有偿使用和生态补偿制度、环境治理和生态保护市场体系、生态文明绩效评价考核和责任追究制度等，只有进一步增强制度的系统性、完整性和先进性，才能更好地为黄河流域生态保护和高质量发展提供坚实的制度保障。

山西老牛湾

2. 整体推进、协调发展

面对复杂的生态环境和经济发展状况，黄河流域各地区若是从各自的特殊利益出发，难免会对整体的共同利益产生负面影响。实现黄河流域生态保护和高质量发展，“不再是单纯的社会治理或生态环境治理，而是一种基于整体性、系统性、协同性的大治理”。首先，要尊重自然规律，从黄河流域整体性、系统性、协同性入手，建立健全在资源开发、水资源治理、经济发展和生态保护等多方面协调发展的机制。对于黄河流域下游比较发达的地区，要注重节能减排，大力发展创新型经济，并向中上游地区介绍、传授先进的管理经验和科学技术；中上游欠发达地区要进一步加强对环境的保护和治理，结合乡村振兴战略，发展生态农业、生态旅游等产业，逐步形成黄河流域高质量发展模式。其次，黄河流域生态保护和高质量发展需要政府、企业和公众等多元主体的共同参与，充分解决好与主体相关的利益，建立多元主体参与的激励、协调和保障机制。在此基础上，进一步处理好政府和市场两者之间的关系，削减要素流动壁垒，促进黄河流域一体化协调发展。

3. 生态优先、绿色发展

根据“十四五”规划和远景目标建议，“中国将推动能源清洁低碳安全高效利用，加快新能源、绿色环保等产业发展”。推动黄河流域生态保护和高质量发展，就要贯彻落实绿色发展理念，“就要转变中国经济发展的动力，改变经济腿长、环境腿短的状况”。一是通过施行相关政策推动生产方式绿色化，主要目的是提高相关企业的环境责任意识，用互动的合作模式来代替传统的遵守法规模式，具体包括自愿式契约（政府和企业签订绿色化生产的契约）、实行生态税和绿色协议（政府与企业以及市民等利益相关方签订的合同），这样不但可以有效约束企业，促进企业朝生态化、绿色化经济方向转型，还可以促进公众做出绿色合理的消费。二是通过行政、法律手段以及宣传教育推动生活方式绿色化，通过单双号限行、垃圾分类、新能源补贴等行政和法律手段，引导居民树立正确的消费观，坚定地走生产发展、生活富裕、生态良好的文明发展道路，以实现人民群众对天蓝、地绿、水清的美好生态环境愿景。

青海贵德清澈的黄河水与丹霞相映生辉

4. 互利互惠、开放发展

对内开放方面，黄河流域九省（区）不仅要加强合作与交流，打造贯穿东西的黄河流域经济带，而且要推动跨区域产业分工协作。黄河流域要充分借鉴长江流域一体化等发达地区的发展经验，实现区域联动、产业联动的新局面。对外开放方面，主要是学习借鉴国内外先进的科学技术和管理经验，比如丹麦拥有世界上效率最高的燃煤电厂、垃圾电厂、燃气电厂，可以更好地实现资源向能源的有效转换和能源最终的有效利用。此外，黄河流域要发挥自身区位优势，参与共建“一带一路”，建立统一的市场规则和市场秩序，培育新形势下黄河流域参与国际合作和竞争的新优势，构建可持续的发展格局。

5. 共商共建、共享发展

马克思指出，“人们奋斗所争取的一切，都同他们的利益有关”，共享是黄河流域生态保护和高质量发展的价值目标。“黄河流域一体化高质量发展需要建立起公共服务体系一体化的共享治理机制，全力改善和保障民生”，不仅要把“蛋糕”做大，还要将“蛋糕”分好，让黄河两岸人民群众共享发展的成果。为此，首先要完善黄河流域的基础设施建设。由于地理条件和经济发展等因素，黄河流域基础设施制约了区域的发展，所以要加快建设衔接紧密

黄河入海口新生湿地

的公路、铁路、航空综合交通网络，探索打破行政区壁垒和市场分割，加强数字新型基础设施的共享共建，为黄河流域生态保护和高质量发展提供全面的硬件保障体系。在教育、医疗卫生等方面，要做好资源整合工作，尤其要注重黄河流域上中游地区，促进教育、医疗卫生资源的共享，全面保障黄河流域人民在各方面的合法权益。同时，需要注意黄河流域的共享发展是一个渐进的共享过程，是一个从不均衡、不全面到逐渐均衡、全面的过程，不能一蹴而就。

二、厚植发展新优势，实现高质量发展

黄河流域拥有相对显著的地域和能源资源、人口与经济等规模优势以及产业基础、中心城市、经济地理区位等方面优势。黄河流域高质量发展必须高度关注流域的特殊性，高度重视流域发展的整体性，高度审视流域优势的尺度特征，高度注重流域经济的发展基础，高度聚焦流域经济发展的创新驱动，在新的发展环境下，发挥优势以探索富有地域特色的高质量发展新路径，实现黄河流域高质量发展。

龙羊峡大峡谷水库大坝泄洪

守护母亲河

1. 高度关注黄河流域的特殊性

地形、气候等自然要素的综合作用催生了黄河流域独特的流域结构：上中游地区生态脆弱，生态环境成为流域发展的重要约束；下游大型支流少，地上悬河河段呈线状结构，未能形成完善的河网系统，且河道水流宽、浅、散特征明显，很难设置固定航道，严重削弱黄河的通航功能；独特的大跨度“几”字形曲流形式等。黄河流域自然结构的特殊性造成了其在水资源开发利用、交通运输、流域内部联系等方面具有不同于其他大河流域的显著特征，且具有明显的复杂性。流域高质量发展应处理好发展经验从普遍到特殊、区域特质从一般到个性的逻辑关系，尤其是生态环境的保护和修复，已成为当前黄河流域亟待推进完成的重大任务，更是高质量发展的前提。

2. 重视黄河流域经济发展的整体性

黄河流域经济的整体提升和协调发展关乎国家协调发展新格局战略目标的实现。虽然长期以来黄河流域内部经济联系不够紧密，但作为重要的大河流域，在国家发展层面上仍是一个完整的空间政策单元。以往的黄河流域经济开发在空间上缺乏系统化、整体性的经济布局，各省区在如何高效率地开发黄河流域、拓展和优化现有经济空间发展模式方面缺少必要的全面性分析及规划。从流域经济发展的整体性、互补性和联动性方面看，黄河流域在产业体系、城镇体系、水资源与土地利用等方面，仍需加强上下游、干支流、左右岸地区的统筹谋划和调控引导，共同实现经济高质量发展目标。

3. 考虑黄河流域优势的尺度特征

对黄河流域优势的把握，考虑不同空间尺度的影响。一方面，以流域为对象，从宏观上把握其在全国重要流域（七大江河流域）中的优势；另一方面，黄河流域地域广大且以行政区为单元的管理模式，决定了流域不同省区之间显著的经济特征差异。因此，应从流域整体、省域、中心城市等多尺度准确把握流域优势特征和发展环境。

4. 注重黄河流域经济的发展基础

黄河流域具有良好的自然资源条件，在长期的发展过程中形成了自身的产业系统。当前，黄河流域的传统农业、矿产资源开采、能源化工、传统材料、冶金等资源型产业较多，重化工特征明显。在此背景下，应基于地区优势对产业发展方向进行深入把握，不能盲目否定传统产业的发展，更不能所有地区都一味追求战略性新兴产业和“高、精、尖”产业。传统产业不完全等于夕阳产业，应通过生产流程技术升级、延伸产业链、化解过剩产能、强化创新驱动等，使黄河流域的传统产业优势进一步得到巩固。

5. 聚焦黄河流域经济发展的创新驱动

随着互联网、大数据、人工智能等新一代信息技术的广泛应用，以新产业、新业态、新商业模式为代表的新经济活动不断涌现。经济活动的创新主体、机制、流程和模式不再受到既定的组织边界束缚，资源运作方式和成果转化方式更多地依托互联网展开，跨地域、多元化、高效率的众筹、众包、众创、众智平台不断涌现，凸显出全球开放、高度协同的创新特质。在新的经济发展背景下，既有经济格局中处于落后状态的地区迎来了关键的机遇期，尤其是对内陆地区而言，其地理距离的劣势有望在一定程度上弱化。针对黄河流域而言，应高度聚焦创新驱动，通过汇聚发展新动能，优化和转变经济发展方式，在相关领域进行重点突破。

九曲黄河岸边牛羊成群，水草丰美

黄河从崇山峻岭间穿过，一路向东

黄河入海口湿地如画

黄河入海泾渭分明，极为壮观

参考文献

巩杰，高秉丽，李焱，等，2022. 1960—2020年黄河流域气候干湿状况时空分异及变化趋势［J］. 中国农业气象，43(3): 165-176.

侯冰飞，2020. 黄河源区气候变化与径流补给的关联性分析［D］. 北京林业大学博士学位论文.

姜安印，陈卫强，2020. 高质量发展框架下中国居民生活质量测度［J］. 统计与决策，36(13): 5-9.

刘志仁，王嘉奇，2022. 黄河流域政府生态环境保护责任的立法规定与践行研究［J］. 中国软科学(3): 47-57.

石碧华，2020. 黄河流域高质量发展的时代内涵和实现路径［J］. 理论视野，(9): 61-66.

孙远，胡维刚，姚树冉，等，2020. 黄河流域被子植物和陆栖脊椎动物丰富度格局及其影响因子［J］. 生物多样性，28(12): 1523-1532.

唐家凯，2021. 沿黄河九省区水资源承载力评价与障碍因素研究［D］. 兰州大学博士学位论文.

王璐，黄生志，黄强，等，2019. 基于综合干旱指数的黄河流域干旱多变量概率特征研究［J］. 自然灾害学报，28(6): 70-80.

王胜杰，赵国强，王旻燕，等，2021. 1961—2020年黄河流域气候变化特征研究［J］. 气象与环境科学，44(6): 1-8.

王长松，段蕴歆，张然，2021. 历史时期黄河流域城市空间格局演变与影响因素［J］. 自然资源学报，36(1): 69-86.

谢京凯，2020. 气候变异和人类活动对黄河流域水储量变化的影响［D］. 浙江大学博士学位论文.

杨华，2021. 黄河流域农业高质量发展水平的时空格局与影响因素［D］. 西北大学博士学位论文.

赵宏波，岳丽，刘雅馨，等，2021. 高质量发展目标下黄河流域城市居民生活质量的时空格局及障碍因子［J］. 统计与决策, 41(8): 1303-1313.
畅建霞, 王义民, 黄廷林, 等, 2005. 黄河河口地区水资源与生态环境问题研究［J］. 水土保持学报, 19(6): 158-161.
陈茂山, 陈金木, 2020. 把水资源作为最大的刚性约束如何破题［J］. 水利发展研究, 20(10): 15-19.
高欣, 丁森, 尚光霞, 等, 2021. 黄河流域水生态环境问题诊断与保护方略［J］. 环境保护, 49(13): 9-12.
胡春宏, 张双虎, 张晓明, 2022. 新形势下黄河水沙调控策略研究［J］. 中国工程科学, 24(1): 122-130.
李东, 潘启民, 周念文, 等, 2021. 黄河流域水资源利用现状分析［J］. 地下水, 43(3): 183-187.
刘昌明, 刘小莽, 田巍, 等, 2020. 黄河流域生态保护和高质量发展亟待解决缺水问题［J］. 人民黄河, 42(9): 6-9.
马胜男, 孙凯, 2021. 位山灌区缓解引黄难题创新实践［J］. 山东水利(7): 83-84.
彭少明, 郑小康, 严登明, 等, 2021. 黄河流域水资源供需新态势与对策［J］. 中国水利, (18): 18-20, 26.
屈章彬, 南朝辉, 曲少军, 等, 2011. 小浪底水库拦沙运用初期水沙调控效果初步分析［J］. 水电能源科学, 29(10): 81-84.
时芳欣, 郜国明, 王远见, 等, 2020. 基于不协调度的黄河下游水沙变化分析［J］. 人民黄河, 42(5): 52-55, 61.
水利部黄河水利委员会, 2008. 黄河调水调沙试验［M］. 郑州: 黄河水利出版社.
宋华力, 2022. 黄河防洪工程体系建设与布局展望［J］. 中国水利(4): 16-18.
王煜, 彭少明, 武见, 等, 2019. 黄河“八七”分水方案实施30a回顾与展望［J］. 人民黄河, 41(9): 6-13.
谢发兵, 赵广举, 穆兴民, 等, 2021. 黄河干流近70年来水沙关系变化［J］. 中国水土保持科学, 19(5): 1-9.
徐征和, 侯玉松, 2022. 位山引黄灌区适水发展的调查与思考［J］. 山东水利(1): 4-7.
张军锋, 闫莉, 崔玉香, 等, 2011. 引大济湟调水总干渠工程生态环境影响［J］. 水资源保护,

27(5): 88-91.
张亭亭, 郑晓梅, 沙金霞, 等, 2014. “引大济湟” 工程受水区水资源优化配置分析［J］. 人民黄河, 36(8): 70-72.
中国水资源公报. 水利部网站［EB/OL］. http: //www. mwr. gov. cn.
周夏飞, 曹国志, 於方, 等, 2022. 黄河流域水污染风险分区［J］. 环境科学, 43(5): 2448-2458.
王仁卿, 2022. 黄河流域生态保护研究丛书・黄河三角洲生态保护卷［M］. 济南: 山东科学技术出版社.
卞素萍, 2020. 美丽乡村建设背景下农村人居环境整治现状及创新研究: 基于江浙地区的美丽乡村建设实践［J］. 南京工业大学学报(社会科学版), 19(6): 62-72, 112.
陈宗胜, 沈扬扬, 周云波, 2013. 中国农村贫困状况的绝对与相对变动: 兼论相对贫困线的设定［J］. 管理世界(1): 67-77, 187-188.
范霄鹏, 刘晓卫, 2018. 吕梁临县李家山村的田野调查［J］. 古建园林技术(1): 58-61.
冯旭, 2021. 乡村振兴中的农村生态环境治理共同体建设［J］. 甘肃社会科学(3): 167-173.
靳琪, 岳波, 王琪, 等, 2018. 我国不同区域农村生活垃圾的产生、管理现状: 基于抽样的村镇调查研究［J］. 环境工程, 36(10): 97-101, 107.
亢娟, 2018. 绿色发展理念下大荔县生态文化建设研究［D］. 西安: 西安理工大学.
刘鹤, 2020. 加快构建以国内大循环为主体、国内国际双循环相互促进的新发展格局(学习贯彻党的十九届五中全会精神)［EB/OL］. (2020-11-25)［2020-11-25］. http: //paper. people. com. cn/rmrb/html/2020-11/25/nw. D110000renmrb_20201125_1-06. htm.
刘华军, 乔列成, 孙淑惠, 2020. 黄河流域用水效率的空间格局及动态演进［J］. 资源科学, 42(1): 57-68.
刘少华, 2020. 新发展阶段新发展理念新发展格局［N］. 人民日报海外版, 2020-12-09(5).http: //www. gov. cn/zwgk/2011-06/08/content_1879180. htm.
刘彦随, 张紫雯, 王介勇, 2018. 中国农业地域分异与现代农业区划方案［J］. 地理学报, 73(2): 203-218.
刘彦随, 周扬, 2015. 中国美丽乡村建设的挑战与对策［J］. 农业资源与环境学报, 32(2): 97-105.

马丽，田华征，康蕾，2020. 黄河流域矿产资源开发的生态环境影响与空间管控路径［J］. 资源科学，42(1): 137-149.
乔家君，朱乾坤，辛向阳，2020. 黄河流域农区贫困特征及其影响因素［J］. 资源科学，42(1): 184-196.
王琳，吴召富，杨杰军，2013. 南四湖流域农村生活污水现状调查及处理措施研究［J］. 环境工程，31(S1): 37-39.
徐勇，王传胜，2020. 黄河流域生态保护和高质量发展：框架、路径与对策［J］. 中国科学院院刊，35(7): 875-883.
杨眉，张伏虎，奉朝洋，2017. 凤凰展翅：李家山明清窑洞古村落研究［J］. 西北美术 (2): 134-137.
张俊飚，王学婷，2021. 乡村生态振兴实现路径的对策思考［J］. 中国地质大学学报(社会科学版)，21(2): 152-156.
张可云，张颖，2020. 不同空间尺度下黄河流域区域经济差异的演变［J］. 经济地理，40(7): 1-11.
郑有旭，2018. 乡村发展历程视角的乡村规划特点及发展思考［C］. 中国城市规划学会、杭州市人民政府. 共享与品质：2018 中国城市规划年会论文集(18 乡村规划). 中国城市规划学会、杭州市人民政府：中国城市规划学会，307-315.
周立三，2000. 中国农业地理［M］. 北京：科学出版社.
安树伟，张晋晋，2021. 都市圈带动黄河流域高质量发展研究［J］. 人文杂志 (4): 22-31.
陈亚利，2016. 着力推进绿色发展建设生态宜居洛阳［J］. 环境保护，44(8): 76-78.
姜长云，盛朝迅，张义博，2019. 黄河流域产业转型升级与绿色发展研究［J］. 学术界 (11): 68-82.
李金泉，黄文，孟姝瑱，等，2021. 黄河流域生态保护和高质量发展战略中济南建设“中心城市”的机遇、挑战与路径［J］. 中共济南市委党校学报 (2): 84-90.
李亚，2020. 把洛阳都市圈建设作为主战场主抓手主平台，科学编制“十四五”规划，全面建设现代化强市［N］. 洛阳日报，12-01(1).
斯丽娟，2021. 我国西部黄土高原地区高质量发展路径研究［J］. 学术研究(2): 86-91.
孙祁祥，周新发，2020. 科技创新与经济高质量发展［J］. 北京大学学报(哲学社会科学版)(3):

140–149.
王金南, 2020. 黄河流域生态保护和高质量发展战略思考［J］. 环境保护, 48(增1): 18–21.
辛怡, 郭阳, 2021. 以“绿色智造”引领甘肃工业绿色转型与黄河流域高质量发展: 以天水市为例［J］. 天水行政学院学报(6): 100–105.
许广月, 薛栋, 2021. 以高水平生态保护驱动黄河流域高质量发展［J］. 中州学刊(10): 26–32.
薛栋, 许广月, 2022. 黄河流域生态保护和高质量发展战略实践路径研究: 以洛阳为例［J］. 河南科技学院学报, 42(3): 30–37.
杨丹, 常歌, 赵建吉, 2020. 黄河流域经济高质量发展面临难题与推进路径［J］. 中州学刊(7): 28–33.
张超, 宋晓华, 孙亚男, 2021. 黄河流域科技创新效率差异测度、来源分解与形成机理［J］. 经济与管理评论, 37(6): 38–50.
赵云波. 黄河流域生态保护和高质量发展的理念遵循与实践指向［EB / OL］. (2020–08–14)［2020–12–30］. http: //www. forestry. gov. cn/main/4301/20200814/101733254769226. html.
中国国家统计局, 2020. 中国统计年鉴2020［M］. 北京: 中国统计出版社.
中国石油天然气集团有限公司, 2020. 2019企业社会责任报告［R］. 北京: 中国石油天然气集团有限公司.
BAI T, WEI J, CHANG F, et al., 2019. Optimize multi–objective transformation rules of water–sediment regulation for cascade reservoirs in the Upper Yellow River of China［J］. Journal of Hydrology, 577.
BI N, SUN Z, WANG H, et al., 2019. Response of channel scouring and deposition to the regulation of large reservoirs: A case study of the lower reaches of the Yellow River［J］. Journal of Hydrology, 568: 972–984.
HUANG S, HUANG Q, CHANG J, et al., 2015. Drought structure based on a nonparametric multivariate Standardized drought index across the Yellow River basin, China［J］. Journal of Hydrology, 530: 127–136.
JIN W, CHANG J, WANG Y, et al., 2019. Long–term water–sediment multi–objectives regulation of cascade reservoirs: A case study in the Upper Yellow River, China［J］. Journal of Hydrology, 577.

MENG X, CHANG J, WANG X, et al., 2019. Flood control operation coupled with risk assessment for cascade reservoirs [J]. Journal of Hydrology, 572: 543–555.

BEBBINGTON J, RUSSELL S, THOMSON I, 2017.Accounting and sustainable development: Reflections and propositions [J]. Critical Perspectives on Accounting, 48:21–34.

LI Y, CAO Z, LONG H, et al., 2016. Dynamic analysis of ecological environment combined with land cover and NDVI changes and implications for sustainable urban–rural development: The case of Mu Us Sandy Land, China [J]. Journal of Cleaner Production, 142(PT.2):697–715.

BAI C Q, ZHOU L, XIA M L, et al., 2019. Analysis of the spatial association network structure of China's transportation carbon emissions and its driving factors [J]. Journal of Environmental Management, 253(2–3): 109765.

附　录

黄河流域主要自然保护地名录

序号	保护地名称	省区	所在行政区域	总面积/公顷	主要保护对象	保护类型	类别/级别	始建时间	主管部门
1	三江源国家公园	青	玉树州、果洛州等	4 210 000	珍稀动物、湿地、森林、草甸、冰川等	内陆湿地	I/1	2016-03-01	林业
2	大熊猫国家公园	甘	迭部县	2 713 400	大熊猫为主的野生动物资源	野生动物	I/1	2018-10-29	林业
		陕	佛坪县						
		陕	太白县						
		陕	洋县						
		陕	周至县						
3	祁连山国家公园	甘	酒泉、张掖等	5 020 000	湿地、冰川、珍稀动植物及森林	森林生态	I/1	2017-09-01	林业
		青	海北、海西等		湿地、冰川、珍稀动植物及森林				
4	若尔盖国家湿地公园	川	若尔盖县	166 571	高寒沼泽湿地及黑颈鹤等野生动物	内陆湿地	II/1	1994-08-18	林业
5	太统—崆峒山国家级自然保护区	甘	平凉市	16 283	山地落叶阔叶次生林、文化遗址	森林生态	II/1	2001-11-01	林业
6	兴隆山国家级自然保护区	甘	榆中县	33 301	森林生态系统	森林生态	II/1	1988-05-09	林业
7	连城国家级自然保护区	甘	永登县	47 930	森林生态系统及祁连柏、青杆等物种	森林生态	II/1	2001-04-13	林业
8	尕海—则岔国家级自然保护区	甘	碌曲县	247 431	候鸟等野生动物、石林	野生动物	II/1	1995-10-01	林业

（续表）

序号	保护地名称	省区	所在行政区域	总面积/公顷	主要保护对象	保护类型	类别/级别	始建时间	主管部门
9	阳城蟒河国家级自然保护区	晋	阳城县	5600	猕猴、大鲵及暖温带森林植被	野生动物	II/1	1983-12-01	林业
10	庞泉沟国家级自然保护区	晋	交城县、方山县	10 466	褐马鸡及森林生态系统	野生动物	II/1	1980-12-01	林业
11	五鹿山国家级自然保护区	晋	蒲县、隰县	20 617	褐马鸡及其生境	野生动物	II/1	1993-01-01	林业
12	芦芽山国家级自然保护区	晋	宁武县、岢岚县、五寨县	21 453	褐马鸡及华北落叶松、云杉次生林	野生动物	II/1	1980-12-01	林业
13	历山国家级自然保护区	晋	垣曲县、沁水县等	24 800	森林植被及金钱豹、金雕等野生动物	森林生态	II/1	1983-12-01	林业
14	滨州贝壳堤岛与湿地国家级自然保护区	鲁	滨州市	80 480	贝壳堤岛、湿地、珍稀鸟类、海洋生物	海洋海岸	II/1	1998-10-01	海洋
15	黄河三角洲国家级自然保护区	鲁	东营市	153 000	河口湿地生态系统及珍禽	海洋海岸	II/1	1990-12-27	林业
16	鄂尔多斯遗鸥国家级自然保护区	蒙	鄂尔多斯市	14 770	遗鸥及其生境	野生动物	II/1	1991-01-01	林业
17	鄂托克旗恐龙遗迹化石国家级自然保护区	蒙	鄂托克旗	46 410	恐龙足迹化石	古生物遗迹	II/1	2000-07-01	国土
18	内蒙古贺兰山国家级自然保护区	蒙	阿拉善左旗	67 710	水源涵养林、野生动植物	森林生态	II/1	1992-10-27	林业
19	乌拉特梭梭林—蒙古野驴国家级自然保护区	蒙	乌拉特后旗	68 000	梭梭林、蒙古野驴及荒漠生态系统	荒漠生态	II/1	1985-10-01	林业
20	大青山国家级自然保护区	蒙	呼和浩特市	226 544	森林生态系统	森林生态	II/1	2003-01-01	林业
21	西鄂尔多斯国家级自然保护区	蒙	鄂托克旗	555 849	古老残遗种濒危植物及其生境	野生植物	II/1	1986-12-01	环保
22	沙坡头国家级自然保护区	宁	中卫市	13 722	自然沙生植被及人工植被、野生动物	荒漠生态	II/1	1984-09-01	环保
23	六盘山国家级自然保护区	宁	西吉县	26 667	水源涵养林及野生动物	森林生态	II/1	1982-05-09	林业
24	罗山国家级自然保护区	宁	同心县	33 710	水源涵养林	森林生态	II/1	1982-07-01	林业
25	白芨滩国家级自然保护区	宁	灵武市	74 843	天然柠条母树林及沙生植被	荒漠生态	II/1	1985-01-04	林业

（续表）

序号	保护地名称	省区	所在行政区域	总面积/公顷	主要保护对象	保护类型	类别/级别	始建时间	主管部门
26	哈巴湖国家级自然保护区	宁	盐池县	84 000	荒漠生态系统、湿地生态系统	荒漠生态	II/1	2003-03-01	林业
27	贺兰山国家级自然保护区	宁	银川市	206 266	森林生态系统、野生动植物资源	森林生态	II/1	1982-07-01	林业
28	孟达国家级自然保护区	青	循化撒拉族自治州	17 290	森林生态系统及珍稀生物物种	森林生态	II/1	1980-04-01	林业
29	雷寺庄褐马鸡国家级自然保护区	陕	韩城市	60 439	褐马鸡及其生境	野生动物	II/1	2001-01-01	林业
30	黄龙山褐马鸡国家级自然保护区	陕	黄龙县、宜川县	60 439	褐马鸡及其生境	野生动物	II/1	1998-11-01	林业
31	秦岭细鳞鲑国家级自然保护区	陕	陇县	6559	细鳞鲑及其生境	野生动物	II/1	2004-01-01	水利
32	子午岭国家级自然保护区	陕	富县	40 621	森林生态系统	森林生态	II/1	2001-11-01	林业
33	太白山国家级自然保护区	陕	太白县、眉县、周至县	56 325	森林生态系统、自然历史遗迹	森林生态	II/1	1965-09-09	林业
34	周至国家级自然保护区	陕	周至县	56 393	金丝猴等野生动物及其生境	野生动物	II/1	1988-05-09	林业
35	豫北黄河故道湿地鸟类国家级自然保护区	豫	新乡市	24 780	天鹅、鹤类等珍禽及湿地生态系统	内陆湿地	II/1	1996-11-29	环保
36	太行山猕猴国家级自然保护区	豫	济源市、焦作市、新乡市	56 600	猕猴及森林生态系统	野生动物	II/1	1998-08-18	林业
37	黄河湿地国家级自然保护区	豫	洛阳市吉利区	68 000	湿地生态系统、珍稀鸟类	内陆湿地	II/1	1995-08-01	林业
38	铁布省级自然保护区	川	若尔盖县	20 000	梅花鹿等珍稀动物	野生动物	II/2	1965-01-01	林业
39	漫泽塘省级自然保护区	川	阿坝县	165 874	湿地及珍稀野生动植物	内陆湿地	II/2	2001-06-08	林业
40	仁寿山省级自然保护区	甘	陇西县	520	森林生态系统	森林生态	II/2	1997-01-01	环保
41	铁木山省级自然保护区	甘	会宁县	749	森林及天然灌木、灰雁	森林生态	II/2	1993-09-01	林业

（续表）

序号	保护地名称	省区	所在行政区域	总面积/公顷	主要保护对象	保护类型	类别/级别	始建时间	主管部门
42	贵清山省级自然保护区	甘	漳县	1400	野生动植物资源	野生动物	II/2	1992-01-01	林业
43	刘家峡恐龙足迹群省级自然保护区	甘	永靖县	1500	恐龙足迹化石	古生物遗迹	II/2	2001-11-01	国土
44	黄河石林省级自然保护区	甘	景泰县	3040	地质遗迹	地质遗迹	II/2	2001-03-01	其他
45	屈吴山省级自然保护区	甘	白银市	3715	天然次生林	森林生态	II/2	2002-01-14	林业
46	哈思山省级自然保护区	甘	白银市	8400	森林及云杉、油松	森林生态	II/2	2002-01-14	林业
47	寿鹿山省级自然保护区	甘	景泰县	10 875	森林生态系统及林麝等物种	森林生态	II/2	1980-07-01	林业
48	黄河三峡湿地省级自然保护区	甘	永靖县	19 500	湿地生态系统及水生动植物	内陆湿地	II/2	1995-01-01	林业
49	文县大鲵省级自然保护区	甘	文县	20 308	大鲵及其生境	野生动物	II/2	2003-01-01	农业
50	秦岭细鳞鲑省级自然保护区	甘	漳县	25 330	细鳞鲑及其生境	野生动物	II/2	2004-06-01	农业
51	玛曲青藏高原土著鱼类省级自然保护区	甘	玛曲县	27 416	土著鱼类及其生境	野生动物	II/2	2005-01-01	农业
52	黄河首曲省级自然保护区	甘	玛曲县	37 500	珍稀鸟类及生境	野生动物	II/2	1992-01-01	林业
53	岷县双燕省级自然保护区	甘	岷县	64 000	森林、自然景观	森林生态	II/2	2000-03-01	林业
54	太子山省级自然保护区	甘	康乐县	84 700	水源涵养林及野生动植物	森林生态	II/2	2003-09-01	林业
55	洮河省级自然保护区	甘	卓尼县	470 017	森林生态系统	森林生态	II/2	2004-01-01	林业
56	灵空山省级自然保护区	晋	沁源县	1334	森林及野生动植物	森林生态	II/2	1993-01-01	林业
57	天龙山省级自然保护区	晋	阳曲县	2867	森林生态系统及金雕、褐马鸡	森林生态	II/2	1993-01-01	林业

（续表）

序号	保护地名称	省区	所在行政区域	总面积/公顷	主要保护对象	保护类型	类别/级别	始建时间	主管部门
58	崦山省级自然保护区	晋	阳城县	10 009	森林生态系统	森林生态	II/2	2002-07-01	林业
59	管头山省级自然保护区	晋	吉县	10 140	天然白皮松林	森林生态	II/2	2005-01-01	林业
60	紫金山省级自然保护区	晋	朔州市朔城区	11 420	天然次生林	森林生态	II/2	2002-06-01	林业
61	贺家山省级自然保护区	晋	保德县	13 416	森林生态系统及褐马鸡	森林生态	II/2	2005-01-01	林业
62	八缚岭省级自然保护区	晋	晋中市榆次区	15 267	森林生态系统及金钱豹	森林生态	II/2	2002-06-01	林业
63	人祖山省级自然保护区	晋	吉县	15 940	森林生态系统及褐马鸡、原麝	森林生态	II/2	2002-06-20	林业
64	四县垴省级自然保护区	晋	祁县	16 000	森林生态系统及金钱豹、黄羊	森林生态	II/2	2002-06-01	林业
65	团圆山省级自然保护区	晋	石楼县	16 477	森林及褐马鸡、金钱豹等野生动植物	森林生态	II/2	2002-03-01	林业
66	韩信岭省级自然保护区	晋	灵石县	16 638	森林生态系统及珍稀动植物	森林生态	II/2	2002-06-01	林业
67	尉汾河省级自然保护区	晋	兴县	16 890	森林生态系统及褐马鸡、原麝	森林生态	II/2	2002-06-01	林业
68	绵山省级自然保护区	晋	介休市	17 827	天然油松林及金钱豹等珍稀动植物	森林生态	II/2	1993-01-01	林业
69	超山省级自然保护区	晋	平遥县	18 560	森林生态系统	森林生态	II/2	2002-06-01	林业
70	薛公岭省级自然保护区	晋	吕梁市离石区	19 977	森林生态系统及褐马鸡	森林生态	II/2	2002-03-01	林业
71	红泥寺省级自然保护区	晋	安泽县	20 700	落叶阔叶林和针阔混交林	森林生态	II/2	2005-01-01	林业
72	陵川南方红豆杉省级自然保护区	晋	陵川县	21 440	南方红豆杉及其生境	野生植物	II/2	2000-12-01	林业
73	云顶山省级自然保护区	晋	娄烦县	23 029	森林生态系统及褐马鸡、金钱豹	森林生态	II/2	2002-06-01	林业

（续表）

序号	保护地名称	省区	所在行政区域	总面积/公顷	主要保护对象	保护类型	类别/级别	始建时间	主管部门
74	涑水河源头省级自然保护区	晋	绛县	23 144	森林生态系统	森林生态	II/2	2002-03-01	林业
75	太宽河省级自然保护区	晋	夏县	23 947	森林生态系统及金钱豹、金雕	森林生态	II/2	2002-03-01	林业
76	凌井沟省级自然保护区	晋	阳曲县	24 920	森林生态系统及褐马鸡、金钱豹	森林生态	II/2	2001-06-01	林业
77	黑茶山省级自然保护区	晋	兴县	25 741	森林生态系统及褐马鸡	森林生态	II/2	2002-03-01	林业
78	汾河上游省级自然保护区	晋	娄烦县	27 000	森林生态系统及褐马鸡、金钱豹	森林生态	II/2	2002-06-01	林业
79	铁桥山省级自然保护区	晋	和顺县	38 974	油松次生林及金钱豹	森林生态	II/2	2002-06-01	林业
80	孟信垴省级自然保护区	晋	左权县	39 300	森林生态系统及金钱豹	森林生态	II/2	2002-03-01	林业
81	桑干河省级自然保护区	晋	朔州市朔城区	60 787	迁徙水禽及其生境	野生动物	II/2	2002-03-01	林业
82	运城湿地省级自然保护区	晋	运城市	86 861	天鹅等珍禽及其越冬栖息地	野生动物	II/2	2002-03-01	林业
83	长清寒武纪地质遗迹省级自然保护区	鲁	济南市长清区	262	寒武纪底层结构	地质遗迹	II/2	2001-04-01	国土
84	鲁山省级自然保护区	鲁	淄博市	4000	森林生态系统	森林生态	II/2	1986-08-26	林业
85	徂徕山省级自然保护区	鲁	泰安市	10 915	森林生态系统	森林生态	II/2	1999-11-01	林业
86	泰山省级自然保护区	鲁	泰安市	11 892	森林生态系统	森林生态	II/2	2006-02-02	林业
87	南海子湿地省级自然保护区	蒙	包头市东河区	1585	湿地生态系统及鸟类	内陆湿地	II/2	2001-12-01	其他
88	准格尔地质遗迹省级自然保护区	蒙	准格尔旗	1739	恐龙化石	古生物遗迹	II/2	1999-01-01	国土
89	乌拉特恐龙化石省级自然保护区	蒙	乌拉特后旗	3249	恐龙化石	古生物遗迹	II/2	2000-01-01	国土

（续表）

序号	保护地名称	省区	所在行政区域	总面积/公顷	主要保护对象	保护类型	类别/级别	始建时间	主管部门
90	库布其省级自然保护区	蒙	杭锦旗	15 000	柠条及其生境	野生植物	II/2	2000-09-28	林业
91	梅力更省级自然保护区	蒙	包头市九原区	22 667	天然侧柏林	森林生态	II/2	2000-12-01	林业
92	乌梁素海湿地水禽省级自然保护区	蒙	乌拉特前旗	29 333	水禽及其生境	野生动物	II/2	1993-03-01	林业
93	白音恩格尔省级自然保护区	蒙	杭锦旗	36 000	四合木、半日花等珍稀植物及其生境	野生植物	II/2	2000-09-01	林业
94	巴音杭盖省级自然保护区	蒙	达尔罕茂明安联合旗	49 650	荒漠草原生态系统	荒漠生态	II/2	2001-12-01	林业
95	毛盖图省级自然保护区	蒙	鄂托克前旗	83 246	荒漠植被及野生动植物	荒漠生态	II/2	2003-01-01	林业
96	杭锦淖尔省级自然保护区	蒙	杭锦旗	85 750	黄河滩涂湿地及大鸨、大天鹅等珍禽	内陆湿地	II/2	2003-01-01	林业
97	阿左旗恐龙化石省级自然保护区	蒙	阿拉善左旗	90 570	恐龙化石	古生物遗迹	II/2	1999-06-01	国土
98	乌拉山省级自然保护区	蒙	乌拉特前旗	116 902	侧柏林及天然次生林	森林生态	II/2	2003-01-01	林业
99	鄂托克旗甘草省级自然保护区	蒙	鄂托克旗	144 800	甘草及荒漠生态系统	野生植物	II/2	2003-01-01	林业
100	腾格里沙漠省级自然保护区	蒙	阿拉善左旗	1 006 450	沙漠生态系统	荒漠生态	II/2	2003-01-01	林业
101	东阿拉善省级自然保护区	蒙	阿拉善左旗	1 071 548	荒漠生态系统	荒漠生态	II/2	2003-01-01	林业
102	云雾山省级自然保护区	宁	固原市	4000	干旱草原生态系统	草原草甸	II/2	1982-04-01	农业
103	党家岔省级自然保护区	宁	西吉县	4100	湿地生态系统及野生动植物	内陆湿地	II/2	2002-12-01	其他
104	石峡沟泥盆系剖面省级自然保护区	宁	中宁县	4500	泥盆系、第三系地质剖面及古生物群	地质遗迹	II/2	1990-02-28	国土
105	沙湖省级自然保护区	宁	平罗县	5580	湿地生态系统及珍禽	内陆湿地	II/2	1997-01-27	其他

（续表）

序号	保护地名称	省区	所在行政区域	总面积/公顷	主要保护对象	保护类型	类别/级别	始建时间	主管部门
106	西吉火石寨省级自然保护区	宁	西吉县	9795	地质遗迹及野生动植物	地质遗迹	II/2	2002-12-01	其他
107	青铜峡库区省级自然保护区	宁	青铜峡市	19 500	湿地生态系统	内陆湿地	II/2	2002-07-01	环保
108	南华山省级自然保护区	宁	海原县	20 100	水源涵养林及野生动物	森林生态	II/2	2004-12-13	林业
109	大通北川河源区省级自然保护区	青	西宁市	198 300	森林生态系统	森林生态	II/2	2005-10-01	林业
110	黄龙铺—石门地质剖面省级自然保护区	陕	洛南县、蓝田县	100	远古界岩相地质剖面	地质遗迹	II/2	1987-01-01	国土
111	太白滑水河省级自然保护区	陕	太白县	5343	大鲵、细鳞鲑、哲罗鲑等水生动物	野生动物	II/2	1990-05-01	农业
112	洛南大鲵省级自然保护区	陕	洛南县	5715	大鲵及其生境	野生动物	II/2	1999-04-01	其他
113	泾渭湿地省级自然保护区	陕	西安市灞桥区	6353	湿地及水禽	内陆湿地	II/2	2001-11-01	林业
114	千湖湿地省级自然保护区	陕	千阳县	7156	湿地生态系统及珍稀水禽	内陆湿地	II/2	2006-01-01	林业
115	黑河湿地省级自然保护区	陕	周至县	13 126	湿地生态系统	内陆湿地	II/2	2006-01-01	林业
116	柴松省级自然保护区	陕	富县	17 640	金钱豹、金雕、黑鹳等野生动物	野生动物	II/2	2004-01-01	林业
117	石门山省级自然保护区	陕	旬邑县	30 049	森林生态系统	森林生态	II/2	2000-07-02	环保
118	黄龙山省级自然保护区	陕	黄龙县	35 563	金钱豹、金雕等珍稀野生动物	野生动物	II/2	2004-01-01	林业
119	合阳黄河湿地省级自然保护区	陕	合阳县	57 348	湿地生态系统、珍禽	内陆湿地	II/2	1996-02-01	林业
120	青要山省级自然保护区	豫	新安县	4000	大鲵及其生境	野生动物	II/2	1988-11-01	林业
121	开封柳园口省级自然保护区	豫	开封市	16 148	湿地及冬候鸟	内陆湿地	II/2	1994-06-09	林业

（续表）

序号	保护地名称	省区	所在行政区域	总面积/公顷	主要保护对象	保护类型	类别/级别	始建时间	主管部门
122	熊耳山省级自然保护区	豫	嵩县	34 000	森林生态系统	森林生态	II/2	2004-12-01	林业
123	郑州黄河湿地省级自然保护区	豫	郑州市	38 007	湿地生态系统及珍稀鸟类	内陆湿地	II/2	2004-12-01	林业
124	日干乔市级自然保护区	川	红原县	107 536	高山草地	草原草甸	II/3	2000-01-01	林业
125	严波也则山市级自然保护区	川	阿坝县	442 519	珍稀野生动植物	野生动物	II/3	2001-01-08	林业
126	腊山市级自然保护区	鲁	东平县	2867	森林生态系统	森林生态	II/3	2000-05-01	林业
127	柳埠市级自然保护区	鲁	济南市历城区	3420	防护林	森林生态	II/3	2001-01-01	林业
128	鱼山市级自然保护区	鲁	东阿县	5333	森林生态系统、历史遗迹	森林生态	II/3	2004-09-01	其他
129	景阳冈市级自然保护区	鲁	阳谷县	5333	森林及野生动植物	森林生态	II/3	1994-10-01	其他
130	原山市级自然保护区	鲁	淄博市博山区	13 914	石灰岩山地森林生态系统	森林生态	II/3	1986-06-29	林业
131	阿贵庙市级自然保护区	蒙	准格尔旗	107	荒漠植被及其生境	野生植物	II/3	1987-01-01	林业
132	摇林沟市级自然保护区	蒙	清水河县	5170	黄羊、梅花鹿及其生境	野生动物	II/3	1997-10-01	林业
133	红召市级自然保护区	蒙	卓资县	10 500	森林生态系统	森林生态	II/3	2004-02-17	环保
134	辉腾锡勒市级自然保护区	蒙	察哈尔右翼中旗	16 750	草原、冰川遗迹	草原草甸	II/3	1998-08-01	环保
135	府谷杜松市级自然保护区	陕	府谷县	6368	杜松林	森林生态	II/3	1982-01-01	林业
136	爷台山市级自然保护区	陕	淳化县	10 000	金钱豹、锦鸡、水曲柳等野生动植物	野生动物	II/3	2003-01-01	林业
137	翠屏山市级自然保护区	陕	永寿县	19 200	森林生态系统	森林生态	II/3	2003-01-01	林业

（续表）

序号	保护地名称	省区	所在行政区域	总面积/公顷	主要保护对象	保护类型	类别/级别	始建时间	主管部门
138	榆横臭柏市级自然保护区	陕	榆林市榆阳区	25 966	臭柏群落	森林生态	II/3	2000-01-01	林业
139	温泉市级自然保护区	豫	济源市	163	岩溶温泉	地质遗迹	II/3	1999-03-01	国土
140	包座县级自然保护区	川	若尔盖县	143 848	湿地及野生动植物	内陆湿地	II/4	2003-01-01	林业
141	喀哈尔乔湿地县级自然保护区	川	若尔盖县	222 000	高原湿地生态系统	内陆湿地	II/4	2003-01-01	林业
142	引黄济青渠首鸟类县级自然保护区	鲁	博兴县	300	鸟类及其生境	野生动物	II/4	1992-12-01	林业
143	宋江湖湿地县级自然保护区	鲁	郓城县	350	湿地生态系统及鸟类	内陆湿地	II/4	2005-12-01	其他
144	马庄流域县级自然保护区	鲁	邹平县	1247	森林植被、水源	森林生态	II/4	1991-10-01	林业
145	东平湖县级自然保护区	鲁	东平县	16 000	湿地生态系统	内陆湿地	II/4	2006-02-01	林业
146	中水塘温泉县级自然保护区	蒙	凉城县	53	地热温泉	地质遗迹	II/4	1999-01-01	国土
147	大漠沙湖县级自然保护区	蒙	杭锦旗	300	白天鹅等珍禽及其生境	野生动物	II/4	2000-01-01	林业
148	黑虎山—鹰嘴山县级自然保护区	蒙	清水河县	3000	野生动物及其生境	野生动物	II/4	2000-07-01	环保
149	东西摩天岭县级自然保护区	蒙	和林格尔县	3000	野生药用植物及其生境	野生植物	II/4	2001-01-01	环保
150	石人湾县级自然保护区	蒙	呼和浩特市赛罕区	3000	天鹅、黑鹳等珍禽及其栖息地	野生动物	II/4	2000-01-01	环保
151	红花敖包县级自然保护区	蒙	固阳县	6000	荒漠草原生态系统	草原草甸	II/4	2005-03-01	环保
152	白二爷沙坝县级自然保护区	蒙	和林格尔县	8000	荒漠生态系统及野生动植物	荒漠生态	II/4	1996-03-01	林业
153	春坤山县级自然保护区	蒙	固阳县	9500	山地草甸草原	草原草甸	II/4	1999-01-01	环保

（续表）

序号	保护地名称	省区	所在行政区域	总面积/公顷	主要保护对象	保护类型	类别/级别	始建时间	主管部门
154	岱海县级自然保护区	蒙	凉城县	13 121	湖泊湿地生态系统	内陆湿地	II/4	1999-07-01	环保
155	马头山县级自然保护区	蒙	凉城县	18 000	野生动物及其生境	野生动物	II/4	1998-01-01	林业
156	上高台县级自然保护区	蒙	卓资县	19 000	森林及野生动植物	森林生态	II/4	1998-01-01	林业
157	蛮汉山县级自然保护区	蒙	凉城县	30 000	森林及野生动植物	森林生态	II/4	1998-01-01	林业
158	大荔沙苑县级自然保护区	陕	大荔县	5000	荒漠生态系统	荒漠生态	II/4	1999-12-02	环保
159	神木臭柏县级自然保护区	陕	神木市	7902	臭柏林	森林生态	II/4	1976-01-01	林业
160	红碱淖县级自然保护区	陕	神木市	21 700	湿地及珍禽	内陆湿地	II/4	1996-01-01	林业
161	嵩县大鲵县级自然保护区	豫	嵩县	600	大鲵及其生境	野生动物	II/4	1988-11-01	农业
162	栾川大鲵县级自然保护区	豫	栾川县	800	大鲵及其生境	野生动物	II/4	1996-01-01	农业

注：1. 国家公园：以保护具有国家代表性的自然生态系统为主要目的，实现自然资源科学保护和合理利用的特定陆域或海域。

2. 自然保护区：保护典型的自然生态系统、珍稀濒危野生动植物种的天然集中分布区、有特殊意义的自然遗迹的区域。

3. 自然公园：保护重要的自然生态系统、自然遗迹和自然景观，具有生态、观赏、文化和科学价值，可持续利用的区域。

4. 若尔盖国家湿地公园、黄河三角洲国家级自然保护区、六盘山国家级自然保护区、贺兰山国家级自然保护区、大青山国家级自然保护区、秦岭细鳞鲑国家级自然保护区、太行山猕猴国家级自然保护区为候选国家公园。

出版说明

山东是黄河流域唯一的沿海省份、黄河流域最便捷的出海口，因此被赋予“发挥山东半岛城市群龙头作用，推动沿黄地区中心城市及城市群高质量发展”的国之重任。由此也可见山东在新时代黄河流域生态保护和高质量发展战略中举足轻重的地位。

为认真贯彻落实好习近平总书记关于中华优秀传统文化“两创”的重要指示精神和对山东“三个走在前”的重要指示要求，充分发挥出版界的内容资源、作者资源、品牌资源优势，以精品力作书写新时代黄河精神，使读者能够从历史和专题的角度，生动立体地来认识黄河、了解黄河、感知黄河，更好地传承弘扬黄河文化、提升发展质量，进而为中华民族的伟大复兴提供精神动力和智力支持，按照山东省委、省政府部署，山东省委宣传部策划、山东出版集团组织实施了《黄河大系》的编纂出版。

《黄河大系》为山东省习近平新时代中国特色社会主义思想研究中心重大项目，同时列入山东省社科规划重大委托项目。山东省委常委、宣传部部长白玉刚对项目高度重视，提出明确要求。山东省委宣传部分管日常工作的副部长袭艳春，山东省委宣传部副部长、一级巡视员魏长民对项目编写作出具体指导。《黄河大系》共十二卷二十册，由山东出版集团所属的七家出版社共同承担出版任务。分别是：

《图录卷》精选存世的汉代至1911年关于黄河的历史图画，提纲挈领地体现黄河文化的整体感和黄河文明的立体性，画龙点睛，展示黄河文化的博大精深与兴衰起伏。（齐鲁书社，1册）

《文物卷》分为陶器、玉器、青铜器三册，以历史时期的黄河流域为时空依据，以物说文，精彩阐释黄河作为中华民族母亲河的文化象征意义和厚重典雅的文明积淀。（齐鲁书社，3册）

《古城卷》选择黄河现在流经的主要古城，解说以这些古城为代表的中华优秀传统文化和重要历史遗产，为触摸黄河文明提供实体参照和文化坐标。（山东画报出版社，1册）

《诗词卷》收录中华人民共和国成立前吟咏黄河及其相关重要人文遗迹、重大事件、历史人物、风物民俗的诗词，以古典诗体作品为主。（山东文艺出版社，3册）

《书法卷》以时间为坐标，以书法艺术为参照，梳理展示黄河文化的深厚源流和传承脉络，从文体风格到作品内容实现高度融合。（山东美术出版社，2册）

《绘画卷》古代卷体现黄河文脉孕育的数千年文化精神成果，现当代卷体现黄河精神的发扬创新和时代风貌，用丹青成果再现黄河文化的灿烂辉煌。（山东美术出版社，2册）

《戏曲卷》梳理沿黄河九省（区）戏曲脉络，详述代表性剧种的源流变迁、著名演员、代表剧目及本省（区）戏曲界重大事件等。（山东人民出版社，2册）

《民乐卷》主要展示黄河流域的民间歌咏、器乐、曲艺，精选二十七个国家级“非遗”品类，阐述其文化根源、艺术特点和历史沿革。（山东友谊出版社，1册）

《民艺卷》主要收录黄河流域国家级“非遗”项目中的传统美术类、传统技艺类代表性项目，挖掘、展示黄河文化孕育的传统手工艺的文化内涵与美学价值。（山东友谊出版社，1册）

《民俗卷》重点展现沿黄河九省（区）国家级“非遗”项目中的民俗类代表性项目，阐发黄河流域民俗诞生、发展与黄河的血脉之情。（山东友谊出版社，1册）

《水利卷》详细介绍自古以来黄河水利发展历史，系统展示中华民族探索黄河、认识黄河、开发利用黄河水利的历史，以及黄河流域生态保护和发展的思想史。（齐鲁书社，2册）

《生态卷》重点介绍黄河流域生态特点、生态治理与可持续发展等内容，并对流域生态治理与高质量发展提出建议与对策。（山东科学技术出版社，1册）

这十二卷图书内容各有侧重、自成体系、交相辉映、相辅相成，力求展示黄河文化多元立体的生动厚重形象。

尽管我们怀着美好的初衷，做了不少努力，但是不足之处在所难免，诚恳希望读者和各界朋友批评指正。

山东出版集团

2024年3月